PROTOPLASMATOLOGIA
HANDBUCH
DER PROTOPLASMAFORSCHUNG

HERAUSGEGEBEN VON

L. V. HEILBRUNN UND F. WEBER
PHILADELPHIA · GRAZ

MITHERAUSGEBER

W. H. ARISZ-GRONINGEN · H. BAUER-WILHELMSHAVEN · J. BRACHET-BRUXELLES · H. G. CALLAN-ST. ANDREWS · R. COLLANDER-HELSINKI · K. DAN-TOKYO · E. FAURÉ-FREMIET-PARIS · A. FREY-WYSSLING-ZÜRICH · L. GEITLER-WIEN · K. HÖFLER-WIEN · M. H. JACOBS-PHILADELPHIA · D. MAZIA-BERKELEY · A. MONROY-PALERMO · J. RUNNSTRÖM-STOCKHOLM · W. J. SCHMIDT-GIESSEN · S. STRUGGER-MÜNSTER

BAND VIII

PHYSIOLOGIE DES PROTOPLASMAS

9 a

POLARITÄT UND INÄQUALE TEILUNG DES PFLANZLICHEN PROTOPLASTEN

WIEN
SPRINGER-VERLAG
1958

POLARITÄT UND INÄQUALE TEILUNG DES PFLANZLICHEN PROTOPLASTEN

VON

ERWIN BÜNNING

TÜBINGEN

MIT 72 TEXTABBILDUNGEN

WIEN

SPRINGER-VERLAG

1958

ISBN-13: 978-3-211-80491-9   e-ISBN-13: 978-3-7091-5464-9
DOI: 10.1007/978-3-7091-5464-9

Polarität und inäquale Teilung des pflanzlichen Protoplasten

Von

Erwin Bünning

Botanisches Institut der Universität Tübingen

Mit 72 Textabbildungen

Inhaltsübersicht

1. Arten und Natur der Polarität

Der Begriff „Polarität" wird in der Botanik unterschiedlich benutzt. Meist denkt man in erster Linie an die „Vertizibasilität (Pfeffer), also etwa an das gegensätzliche physiologische und morphogenetische Verhalten von Wurzel- und Sproßpol einer Pflanze. Eine wenigstens äußerlich ähnliche Polarität ist die Dorsiventralität, die sich z. B. im unterschiedlichen Verhalten von Ober- und Unterseite eines Laubblattes oder eines Thallusstückes von Lebermoosen usw. zeigt. Sachlich muß man im Zusammenhang mit diesen Phänomenen aber nicht nur an die genannten beiden Möglichkeiten denken, in denen eine Zelle oder ein Organ A c h s e n m i t v e r - s c h i e d e n e n P o l e n besitzt, sondern auch an jene, in denen u n t e r - s c h i e d l i c h e A c h s e n bestehen. Wir sollten also nicht nur das Vorhandensein „heteropolarer", sondern auch das „isopolarer" Achsen berücksichtigen, wie sie, um nur ein bekanntes Beispiel zu nennen, etwa in den *Spirogyra*-Zellen vorliegen. Die Phänomene der Symmetrie sind allem Anschein nach mit denen der einfachen Polarität eng verwandt.

Bei der Besprechung der Polaritätserscheinungen berücksichtigt man meist nur die Verschiedenheiten an den beiden Enden einer durch die ganze Zelle (bzw. das ganze Organ) gehenden gedachten Strecke. Gelegentlich wird aber auch von einer radialen Polarität gesprochen, wobei man an die Verschiedenheit entlang einer vom Mittelpunkt der Zelle (bzw. des Organs) zu ihrem Rand verlaufenden gedachten Strecke denkt. Schon wenn wir von dieser Möglichkeit absehen und außerdem zunächst nur an die äußere Form der Zelle denken, ohne auch nur das Vorhandensein schraubiger Chromatophoren usw. zu berücksichtigen, können wir recht verschiedene Phänomene unterscheiden. Im einfachsten Falle kann eine Zelle, abgesehen von jener radialen Polarität, apolar sein. Von apolaren Zellen sollten wir aber höchstens dann sprechen, wenn nicht nur jede Achse isopol ist, sondern zudem jede Achse der anderen gleicht. Eine solche Zelle ist also kugelig. Erweist sie sich nicht nur geometrisch, sondern auch in ihrem weiteren Verhalten, in der Art ihres Wachsens usw. als apolar in diesem Sinne, so heißt das: Es gibt keine bevorzugte Teilungsrichtung und kein aus inneren Ursachen unterschiedliches Schicksal der Tochterzellen. Eine solche Zelle läßt also aus sich einen ungeordneten Zellhaufen entstehen. Zellen dieses Typs finden wir bei einigen Arten von Bakterien und Cyanophyceen. Aber selbst bei Zellen wie denen von *Micrococcus* und *Pleurococcus* scheint wenigstens in einigen Entwicklungsstadien doch eine Polarität zu bestehen. Apolar sind offenbar auch die Zellen einiger Endospermtypen. Eine pathologische Bildung von apolaren Zellen in diesem Sinne besteht in manchen Tumoren, auch bei einigen Typen isoliert kultivierter Gewebe.

Wesentlich häufiger als apolare Zellen dieser Art sind Zellen, deren Achsen zwar alle isopol, aber untereinander doch nicht gleichwertig sind. Im einfachsten Falle ist eine solche Zelle zylindrisch (z. B. *Spirogyra*, stäbchenförmige Bakterien, manche fädige Cyanophyceen). Es können aber auch wesentlich kompliziertere Formen vorliegen, wie etwa bei den Desmidiaceen. Schließlich kommt aber auch die Möglichkeit hinzu, daß wenigstens einige der Achsen apolar sind. Und erst in diesen Fällen stoßen wir auf die Fälle der Polarität im engeren Sinne, die uns hier vorzugsweise interessieren soll. Die komplizierteren Symmetrieerscheinungen werden wir also nur gelegentlich berühren, zumal sie noch weniger durchsichtig sind als die Phänomene der Heteropolarität.

Es kann auch nicht Aufgabe dieser Darstellung sein, die Mannigfaltigkeiten der Polaritätserscheinungen zu beschreiben. Uns interessiert hier nur die p r o t o p l a s m a t i s c h e   G r u n d l a g e dieser Phänomene. Eine zusammenfassende Darstellung des Gesamtproblems der Polarität mit einer sehr vollständigen Literaturübersicht bis zum Jahre 1940 hat BLOCH (1943) veröffentlicht.

Obgleich das Phänomen der Polarität im engeren Sinne, also vor allem das der Vertizibasilität, nach dem äußeren Eindruck bei allen Pflanzen gleichartig zu sein scheint, kann es doch auf wesentlich verschiedenen Vorgängen beruhen. Im einfachsten Falle sind die unterschiedlichen Entwicklungsleistungen am apikalen und basalen Pol auf eine direkte und unmittelbare Beeinflussung dieser Entwicklungsleistungen durch die unterschiedlichen äußeren Faktoren zurückzuführen. Apikaler und basaler Pol sind ja bei vielen Pflanzen fortgesetzt unterschiedlichen Licht-, Schwerkraft-, Feuchtigkeitsbedingungen usw. ausgesetzt und können schon daher unterschiedliche physiologische und morphogenetische Leistungen durchführen. Von einer solchen direkten und unmittelbaren Verursachung der polar verschiedenen Entwicklungsleistungen werden wir sprechen, wenn bei einer Änderung der genannten äußeren

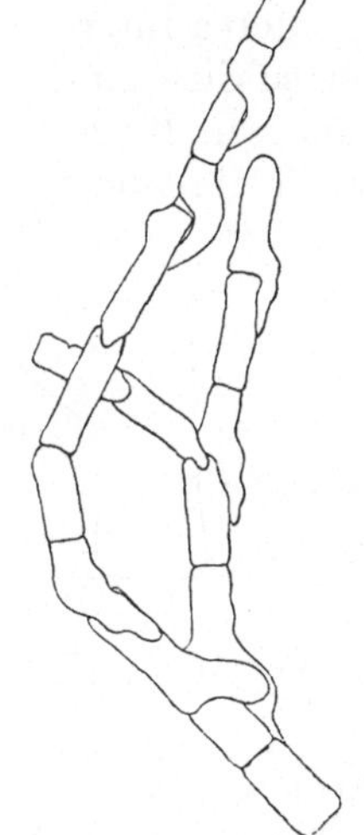

Abb. 2. Plasmolysierte Zellen von *Cladophora* wachsen nur an den basalen Polen zu rhizoidartigen Fäden aus.
(Nach MIEHE.)

Abb. 1. *Cladophora glomerata.* Operativ isolierte Binnenzelle. Nachdem das Rhizoid ausgewachsen ist, ist am apikalen Pol seitlich eine „Sproß‘‘-Zelle vorgestülpt worden.
(Nach CZAJA.)

1*

Faktoren auch sofort eine Änderung der Entwicklungsleistungen eintritt. Die Polarität ist dann also völlig labil. Solche Fälle werden wir kennenlernen; sie interessieren uns aber p r o t o p l a s m a t i s c h nicht sonderlich, weil sie mehr in das Gebiet des Studiums der Wirkung äußerer Faktoren auf Entwicklungsleistungen gehören. In den meisten Fällen aber mag zwar für die Induktion der Polarität die Wirkung äußerer Faktoren notwendig sein; aber diese äußeren Faktoren induzieren doch eine bleibende, eine „inhärente" Polarität im Protoplasten, die sich durch bloße Änderung der Außenbedingungen nicht oder nicht sofort rückgängig machen läßt. Gerade diese stabilen Polaritätserscheinungen haben natürlich besonderes Interesse erweckt. Erschlossen worden ist das Vorhandensein einer solchen stabilen Polarität bekanntlich im wesentlichen aus dem Studium von Regenerationsvorgängen. Beim Abtrennen apikaler oder basaler Teile einer

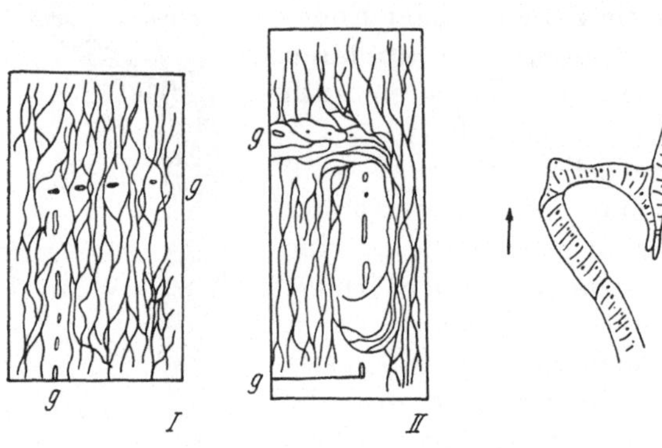

Abb. 3. Links Verwachsung transplantierter Rübenstücke. *I*. Tangentialschnitt durch das linke obere Ende eines normal eingefügten Gewebestückes. Die Grenzen desselben durch Unterbrechung *g g* angedeutet. Längslinien = Gefäße. *II*. Ebensolcher Schnitt durch ein longitudinal verkehrt eingesetztes Stück. Gefäßbündelverbindung fast nur auf der Längsseite. Rechts: zwei Gefäßreihen von *Cydonia japonica*, die ihre Wurzelpole einander zukehren. Eine gekrümmte Gefäßzelle stellt die Verbindung zwischen ihnen her.
(Nach Vöchting aus Jost.)

Pflanze entstehen Neubildungen, die am apikalen und basalen Ende jeweils vom Typ der normalerweise dort entstehenden Gewebe sind. D. h. bei einem Kormophyten bilden sich am apikalen Ende Knospen, am basalen Wurzeln. Bei solchen Versuchen fand schon Vöchting, daß nicht nur der ganzen Pflanze, sondern auch kleineren Einheiten, vermutlich sogar jeder Einzelzelle eine Polarität zukommt. Der Vergleich mit einem Magneten lag nahe. Ob aber die „Integralpolarität" (Zimmermann 1929, 1931) wirklich in allen Fällen einfach aus einem Zusammenwirken der „Differentialpolaritäten" zu verstehen ist, muß noch dahingestellt bleiben.

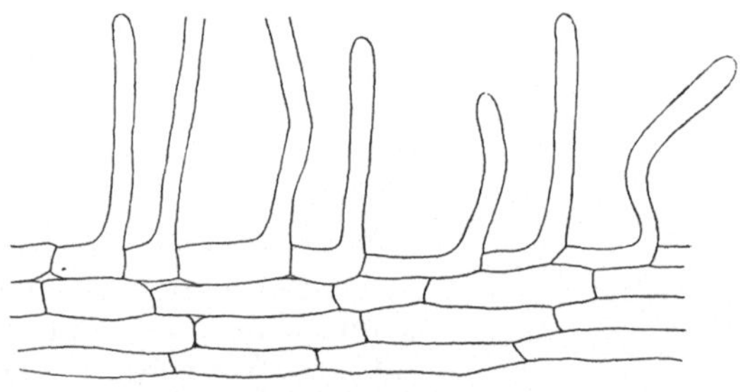

Abb. 4. Epidermiszellen von *Tilia platyphyllos* nach Infektion durch *Eriophyes tiliae*.
(Nach Küster 1925.)

Bei Blütenpflanzen konnten die Regenerationsversuche natürlich nur zeigen, daß noch in einem relativ kleinen Komplex von Zellen ein apikaler und ein basaler Pol vorhanden sind. Für fädige Algen läßt sich aber relativ leicht der Nachweis führen, daß wirklich jede Einzelzelle noch die Polarität besitzt. Werden nämlich die Zellen durch Plasmolyse oder auf einem anderen Wege physiologisch voneinander isoliert, so zeigt jede einzelne im Regenerationsversuch durch die Lage des neuen Rhizoids, daß die Polarität eingehalten worden ist (MIEHE, CZAJA, MÜLLER-STOLL, vgl. auch Abb. 1, 2 u. 16). Aber auch für höhere Pflanzen dürfen wir diese Polarität der Einzelzellen jetzt als erwiesen ansehen. Es kann hier nicht nur auf die schon von VÖCHTING studierten Verwachsungserscheinungen verwiesen werden, bei denen sich zeigte, daß Zellen nur dann miteinander verwachsen können, wenn sie nicht mit den gleichnamigen Polen aufeinanderstoßen (Abb. 3; nach neueren Beobachtungen von BERGMANN und HAUPT sind allerdings auch homopolare Pfropfungen möglich). Wir müssen aber weiterhin daran denken,

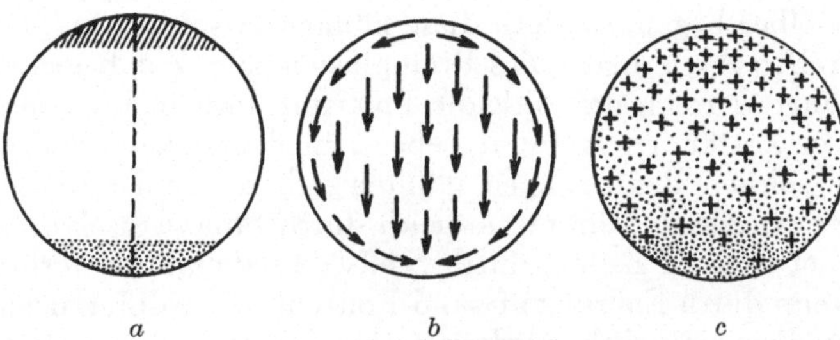

a   b   c

Abb. 5. Schema möglicher polarer Differenzierungen: *a* Polfeldpolarität; *b* strukturelle Richtungspolarität; *c* Gefällepolarität. (Nach KÜHN.)

daß auch die Einzelzelle sich zwar oftmals nicht in der Form an ihren beiden Polen unterscheidet, sehr wohl aber darin, daß das Wachstum auf einen Pol beschränkt bleiben kann. Häufig findet sich bei solchen Einzelzellen z. B. Spitzenwachstum. Auch in pathologischen Leistungen kann sich die Polarität der Einzelzelle äußern (Abb. 4).

Diese Polarität der Einzelzelle ist also ebenso wie die der gesamten Pflanze sehr stabil. Ob und wieweit wir sie abändern können, soll später erörtert werden. Jedenfalls ändert sie sich nicht sofort durch einen Wechsel der Außenbedingungen. Wir müssen schließen, daß im Protoplasten stabile polare Verschiedenheiten bestehen, die die Polarität der Entwicklungsleistungen auch dann gewährleisten, wenn an beiden Polen gleiche Außenbedingungen herrschen.

Es ist angesichts des gegenwärtigen Standes der Entwicklungsphysiologie fast selbstverständlich, daß für jede heteropolare Entwicklungsleistung stoffliche Verschiedenheiten am apikalen und basalen Pol entscheidend sind. Fraglich ist nur, wie diese Gefälle geschaffen und wie sie erhalten werden. Dabei muß unterschieden werden zwischen der direkten Beeinflussung und Herstellung dieser stofflichen Gefälle durch äußere Faktoren einerseits und der möglichen vermittelnden Rolle protoplasmatischer Strukturen andererseits. Die unmittelbare Ursache für das stoffliche Gefälle ist also in einigen Fällen in der Umgebung zu suchen, in anderen Fällen in Eigenschaften des Protoplasten, der vermöge einer asymmetrischen Struktur ein solches Gefälle bedingen kann. Im erstgenannten Falle liegt in der Zelle nur eine Gefällepolarität vor, im zweiten außerdem eine „strukturelle

Richtungspolarität" (Kühn, Abb. 5). Der erste Fall ergibt die schon erwähnte, für uns nicht sonderlich interessante völlig labile Polarität.

Daß immer stoffliche Gradienten für die polar verschiedenen Entwicklungs- und Regenerationsleistungen verantwortlich sind, ist, wie gesagt, fast selbstverständlich. Viele dieser stofflichen Gradienten sind uns bekannt. Wir werden sie im einzelnen noch besprechen. Gelegentlich wird die Meinung vertreten, diese stofflichen Gradienten seien das Wesentliche jeder Polarität selber. Aber schon Vöchting hat die Auffassung vertreten, daß für die stabile Polarität die genannte strukturelle Asymmetrie notwendig ist. Es läßt sich nachweisen, daß die Auffassung Vöchtings berechtigt ist. Das Wesen einer stabilen Polarität kann nie in den stofflichen Gradienten selber liegen, sondern diese können in solchen Fällen nur Folge der strukturellen Asymmetrie des Protoplasten sein. Zur Begründung kann etwa angeführt werden, daß sich die Polarität auch in Ruhezuständen erhält, sogar in Zuständen latenten Lebens, in denen kein Stoffwechsel besteht. Unter solchen Bedingungen müßten sich Konzentrationsgefälle ausgleichen. Der Ausgleich könnte natürlich durch Stoffwechselvorgänge repariert bzw., bei aktiven Zellen, durch Stoffwechselvorgänge verhindert werden. Aber wenn durch Energieaufwand Konzentrationsdifferenzen entstehen sollen, so ist dazu natürlich wiederum eine Polarität in der Zelle die Voraussetzung. Das gleiche gilt auch für energetische Differenzen an den beiden Zellpolen, die man etwa als Ursache für die stofflichen Differenzen heranziehen kann. Z. B. sind in der lebenden Zelle sehr wohl elektrische Potentialdifferenzen zwischen apikalem und basalem Pol nachweisbar. Aber auch diese Differenzen können natürlich nur entstehen und aufrechterhalten werden, wenn durch eine strukturelle Asymmetrie Konzentrationsdifferenzen von Stoffen entstehen.

So wichtig also stoffliche Gradienten auch für die Polarität der Entwicklungsleistungen sind, müssen wir doch zugestehen, daß sie nur durch eine s t r u k t u r e l l e   A s y m m e t r i e   d e s   P r o t o p l a s t e n bedingt sein können (sofern es sich um eine stabile Polarität handelt). Wie sehr stoffliche Gradienten erst durch eine strukturelle Asymmetrie entstehen, kann vielleicht durch einen nochmaligen Hinweis auf die Art der Regenerationsleistungen demonstriert werden: Wenn wir aus einer vielzelligen Pflanze eine Zone herausschneiden, so regeneriert sie normalerweise am apikalen Pol die für dieses Ende charakteristischen Organe, am basalen Ende aber die für diesen Pol charakteristischen, also z. B. Wurzeln oder Rhizoide. In dieser Weise verhält sich aber j e d e s einzelne Stück, einerlei ob es höher oder tiefer in der Pflanze gelegen hat. Es kann also für die Art der Regeneration nicht die Konzentration eines bestimmten Stoffes entscheidend sein, die vor der Operation in dem betreffenden Pflanzenteil gegeben war. Wenn das zuträfe, müßten ja vielmehr alle Stücke aus höher liegenden Teilen an beiden Enden Knospen, alle Stücke aus tiefer liegenden Teilen an beiden Enden Wurzeln bilden. Die genannten Erfahrungen lehren, daß in jedem einzelnen Stück nach der Operation stoffliche Gefälle hergestellt werden, die dafür sorgen, daß die polare Verschiedenheit der Entwicklungsleistungen möglich wird, einerlei aus welchem Bereich das Stück stammt.

Demonstrieren kann man diesen Effekt der Herstellung stofflicher Gradienten durch eine polare Struktur auch an Versuchen von Schwanitz. Rhizome von *Lathyrus pratensis* und *Agropyrum repens,* von der Mutterpflanze getrennt, zeigen eine ausgesprochene Polarität, und zwar in der Hinsicht, daß die Regenerationsleistungen im Vorderende am stärksten sind. Diese Polarität der physiologischen Leistung stellt sich aber während der Lagerung erst allmählich ein. Durch Zerteilungsversuche, die zu verschiedenen Zeiten ausgeführt wurden, ließ sich nachweisen, daß für die Polarität dieser Leistungen offenbar ein Stoff wichtig ist, der zunächst

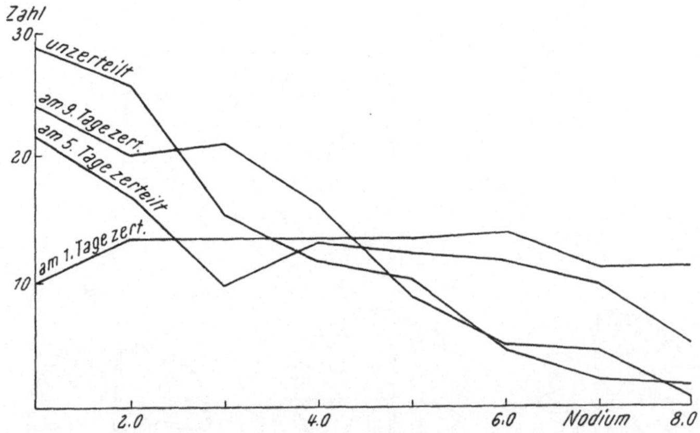

Abb. 6. Kurvenmäßige Darstellung der Entwicklung der Polarität bei *Lathyrus pratensis*. Die Rhizome wurden verschieden lange Zeit nach Versuchsbeginn zerteilt. Man sieht, daß sich die (in Verhältniszahlen angegebene) Polarität der Regenerationsleistungen erst allmählich manifestiert.
(Nach Schwanitz.)

gleichmäßig im Rhizom verteilt ist; dann aber durch „polare Leitfähigkeit" allmählich nach vorn geleitet wird (Abb. 6).

Wir sollten hier aber noch einmal betonen, daß nicht nur an die Vertizibasilität zu denken ist, sondern auch an die Phänomene der Verschiedenartigkeit der Achsen. Auch für diese Phänomene, etwa die Unterschiedlichkeit der Wachstumsintensität in einzelnen Zellteilen, die so zu komplizierten Formen wie etwa denen der Desmidiaceen führen kann, sind natürlich stoffliche Verschiedenheiten an diesen einzelnen Zellteilen verantwortlich. Aber bei der Frage, wie diese stofflichen Verschiedenheiten hergestellt werden, stoßen wir sofort wieder auf die strukturelle Asymmetrie des Protoplasten, d. h. wir müssen solche Formenmannigfaltigkeiten auf bestimmte Plasmastrukturen zurückführen. Besonders anschaulich gemacht wird das gerade für Desmidiaceen durch Versuche an *Micrasterias* (Kallio, Waris). Durch Zentrifugierungsversuche, bei denen eine der Zellen zweikernig, die andere kernlos wurde, zeigte sich, daß auch kernlose Zellen noch die andere Symmetriehälfte wenigstens partiell neu bilden können. Für die Symmetrieleistungen ist also offenbar das Cytoplasma entscheidend (Abb. 7). Es ist ja auch ohnehin kaum vorstellbar, daß vom Kern nach den einzelnen Richtungen unterschiedliche Einflüsse ausgehen, die für die unterschiedlichen Entwicklungsleistungen in diesen einzelnen Richtungen verantwortlich gemacht werden könnten. Nur im Zusammenhang mit der

Annahme von Achsen unterschiedlicher Wertigkeit im Cytoplasma ist das denkbar. Besonders interessant ist noch, daß Waris eine Variante fand, die sich durch viele Teilungen hindurch jahrelang erhielt. Sie zeichnete sich durch den Ausfall der Seitenlappen auf einer Seite aus (Abb. 7). Daraus wurde die Ansicht abgeleitet, daß für die Ausbildung dieser Strukturen ein protoplasmatisches Gerüstwerk entscheidend ist, welches „mutieren" kann (besser sollte man diese Änderung natürlich nicht als „Mutation" bezeichnen; es handelt sich um eine stabile plasmatische Strukturänderung, deren Stabilität gleicher Natur ist wie die Stabilität der Vertizibasilität).

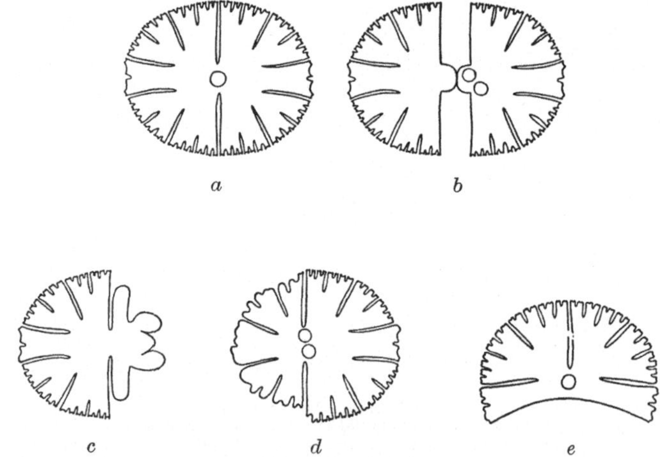

Abb. 7. *Micrasterias thomasiana.* a Normalzelle; b während der Teilung wurde die Zelle zentrifugiert, so daß eine der beiden Tochterzellen zweikernig, die andere kernlos wurde; c partielle Neubildung der Symmetriehälfte in der kernlosen Zelle; d Neubildung der zweikernigen Zelle; e eine spontan aufgetretene Variante, einseitigen Ausfall der Seitenlappen zeigend.
(Nach Waris, schematisiert.)

Allem Anschein nach ist die Vertizibasilität nur ein Sonderfall oder, vielleicht richtiger gesagt, eine Komponente der dreidimensionalen Asymmetrie, die durch solche Beobachtungen demonstriert wird. Und dabei müssen wir schließlich auch noch an die Spiralstrukturen denken. Eine Tendenz zu schraubig strukturierten Entwicklungs- und Bewegungsleistungen finden wir im Pflanzenreich sehr häufig, und auch wieder sowohl an Einzelzellen als an ganzen Zellverbänden. Wir brauchen nur an die Erscheinungen des sog. Spiralwachstums zu denken, an schraubige Zellformen bei manchen Bakterien und Blaualgen, an die Geißeln der Bakterien. Ebenso können Zellen erwähnt werden, deren Chlorophyllbänder schraubig gewunden sind. Andere Beispiele sind die Berindungsschläuche bei *Chara,* die Verdickungsleisten in Gefäßen. Weitere Äußerungen solcher Schraubenstrukturen sind Torsionen und Windebewegungen. Wir wissen, daß in allen diesen Fällen in der Regel der Sinn der Schraubenwindung sehr starr beibehalten wird. Die Vermutung, daß hierfür schraubige Strukturelemente im Protoplasma entscheidend sind, ist schon sehr alt. Möglicherweise stehen, wie wir sehen werden, diese Schraubenstrukturen in enger Beziehung zur Vertizibasilität.

Unser Wissen über das Wesen dieser protoplasmatischen Polarität ist im letzten Werk Vöchtings (1918) mit folgenden Worten gekennzeichnet worden, von denen auch jetzt wenigstens nichts fortzunehmen ist:

„Vor nun 24 Jahren stellten wir auf Grund eingehender Untersuchungen ... die Lehre von der Polarität der Zellen auf ... Wir hatten die Überzeugung gewonnen, daß die Polarität eine Grundeigenschaft der pflanzlichen Zelle ist, daß sie tief in das ganze Wachstum des Körpers eingreift... Wir betrachten alle lebenden Zellen des Körpers ... als polar gebaut ... Wir betrachten also die Pflanze mit ihren sämtlichen, durch Plasmaverbindungen eine große Einheit bildenden lebenden Zellen als aus gleichsinnig polarisierten Elementen aufgebaut. Das Wesen der Polarität sehen wir in der inneren Struktur des Protoplasmas. Will man sich die Sache unter einem Bild versinnlichen, so stelle man sich die Idioplasma-Mizelle, deren Reihen nach Nägelis Vorstellungen die wesentlichen gestaltbildenden Teile des Plasmas ausmachen, als polarisiert vor."

2. Die Stabilität der plasmatischen Polarität

In der Literatur über die Polaritätserscheinungen spielt die Frage nach der Umkehrbarkeit der Polarität eine sehr große Rolle. Wir haben bereits mehrfach gesehen, warum diese Frage so wichtig ist. Nur einer stabilen Polarität liegt mit Sicherheit das Phänomen einer strukturellen Asymmetrie des Protoplasmas zugrunde. Die Fälle labiler Polarität sind v o m p r o t o - p l a s m a t i s c h e n S t a n d p u n k t aus weniger interessant, weil es sich bei ihnen zur Hauptsache um direkte Wirkungen unterschiedlicher äußerer Faktoren in den einzelnen Teilen der Pflanze handelt.

Es kann keinem Zweifel unterliegen, daß bei allen Pflanzen eine Umkehr der Polarität mindestens auf dem Wege über eine vorübergehende Aufhebung möglich ist. In vielen Fällen ist die Polarität ja schon bei der geschlechtlichen Vermehrung nicht von einer Generation auf die andere übertragbar, sondern muß neu induziert werden. Bei Regenerationsleistungen erfolgt die Entwicklung sehr häufig in ganz anderer Richtung als es der Polaritätsachse des regenerierenden Teils entspricht. Auch hier muß also die Polarität umgestimmt werden. Das erfolgt, wie wir wissen, in der Regel auf dem Wege über eine vorübergehende Aufhebung der Polarität. Bei den Diskussionen über die Frage der Umkehrbarkeit und der Stabilität oder Labilität wird leider nicht immer klar unterschieden, welche grundsätzlich verschiedenen Möglichkeiten bestehen. Es sind folgende:

1. Umkehrbarkeit der polaren morphogenetischen Leistungen.
2. Umkehrbarkeit der stofflichen polaren Gradienten in der Pflanze.
3. Umkehrbarkeit der Strukturasymmetrie des Protoplasten.

Die Möglichkeiten 1 und 2 lassen sich experimentell relativ leicht verwirklichen und zwar dadurch, daß die Möglichkeit 2 erreicht wird, welche zwangsläufig die Möglichkeit 1 zur Folge hat. Wie falsch es aber ist, daraus schlechthin auf eine Umkehr der Polarität zu schließen, kann gut an Beispielen demonstriert werden.

Der stoffliche Gradient, welcher bei vielen Pflanzen für die Polarität der morphogenetischen Leistungen in der normalen und regenerativen Entwicklung verantwortlich ist, muß bekanntlich in Gradienten der Wuchsstoffkonzentration gesehen werden. Der Wuchsstoff wandert, wie wir seit langer Zeit wissen, infolge der inhärenten Polarität streng polar basalwärts, so daß es an den basalen Sproßteilen zu einer Wuchsstoffanreicherung kommt. Hohe Wuchsstoffkonzentrationen sind für die basis-spezifischen morphogenetischen Leistungen verantwortlich, niedrige für die spitzen-spezifischen. Nun kann aber selbstverständlich die Wuchsstoffkonzentration an Spitze und Basis nicht nur von der inhärenten Polarität des Protoplasten beeinflußt werden, sondern auch durch äußere Faktoren. Lassen wir auf die Spitze Faktoren einwirken, die dort die Wuchsstoffkonzentrationen so schnell ansteigen lassen, daß die Abwanderung nicht Schritt hält, oder lassen wir auf die Basis Faktoren einwirken, durch die die Wuchsstoffkonzentration dort erniedrigt wird, so arbeiten wir damit dem „Bestreben" der protoplasmatischen Polarität entgegen, ohne diese selber irgendwie beeinflussen zu müssen. Am schnellsten können wir diesen Effekt natürlich erreichen, wenn wir auf die Basis Wuchsstoffantagonisten, auf die Spitze aber Wuchsstoff auftragen. Solche Versuche haben Warmke und Warmke durchgeführt. Bei Wurzelstecklingen von *Taraxacum* und *Cichorium* wurde durch Wuchsstoffbehandlung der proximalen Enden dort eine Wurzelbildung ermöglicht.

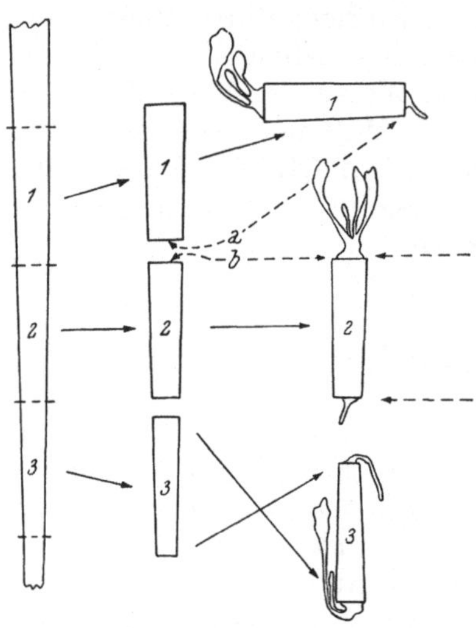

Abb. 8. Normale Regeneration in Wurzelsegmenten von *Taraxacum* und *Cichorium*. An den proximalen Enden bilden sich Blätter, an den distalen Kalli und eventuell auch Wurzeln. Die Schwerkraft hat, wie die durch Pfeile angegebenen Versuche mit abnorm orientierten Segmenten zeigen, keinen Einfluß auf die Polarität der Regenerationsleistungen. (Nach Warmke und Warmke.)

Durch Einwirkung von Hemmstoff am anderen Ende der Pflanze konnte in einigen Fällen eine Unterdrückung der Wurzelbildung erreicht werden, so daß dann beide Enden Blätter bildeten. Vergleichbar hiermit sind die Versuche Plants an *Crambe*-Wurzelstecklingen. Diese Stecklinge bilden im Normalfall an der apikalen Region Sproß-, an der basalen Wurzelanlagen. Jedoch kann an der apikalen Schnittfläche durch Wuchsstoffdarbietung die Sproßbildung unterdrückt werden, so daß auch hier Wurzeln entstehen. Umgekehrt kann durch wiederholtes Entfernen der basalen Schnittfläche dort eine Wuchsstoffverarmung erreicht werden. So entstehen dann auch hier Sproßanlagen. Man kann also die Polarität der Entwicklungsleistungen völlig umkehren (Abb. 8, 9). Gerade bei diesen Versuchen aber zeigte sich, daß wirklich nur die obengenannten Möglichkeiten 1 und 2, nicht die Möglichkeit 3 verwirklicht sind. Die Stecklinge mit scheinbar umgekehrter Polarität zeigen nämlich während des Weiterwachsens erneut die alte Polarität.

Auch Versuche Castans sind aufschlußreich. Bei ihnen wurden etiolierte

Keimlinge von *Pisum* unterhalb des ersten Knotens dekapitiert und die Primärwurzel unmittelbar unterhalb der Kotyledonen entfernt. Der übrigbleibende Pflanzenteil wurde so in Wasser gebracht, daß die apikale Sproßregion nach unten ins Wasser tauchte und die Kotyledonen nach oben zeigten. Unter diesen Bedingungen entstanden am Sproßstumpf Wurzeln, während eine Kotyledonar-Achselknospe zum Sproß auswuchs (Abb. 10). Zweifellos sind also die morphogenetischen Leistungen umgekehrt worden.

Aber auch hier folgt daraus nicht eine Umkehr der inhärenten Polarität. Vermutlich ist die Kotyledonar-Achselknospe an Wuchsstoff verarmt und konnte dadurch austreiben. Andererseits wissen wir, daß durch Eintauchen in Wasser allgemein die Wurzelbildung gefördert wird. Ob diese Förderung auf einer Anreicherung von Wuchsstoff beruht oder auf einer anderen Wirkung des Wassers, ist hier belanglos. Eine Untersuchung dieses Objekts durch LIBBERT hat eindeutig ergeben, daß keine Polaritätsumkehr erfolgt (vgl. auch RATHFELDER).

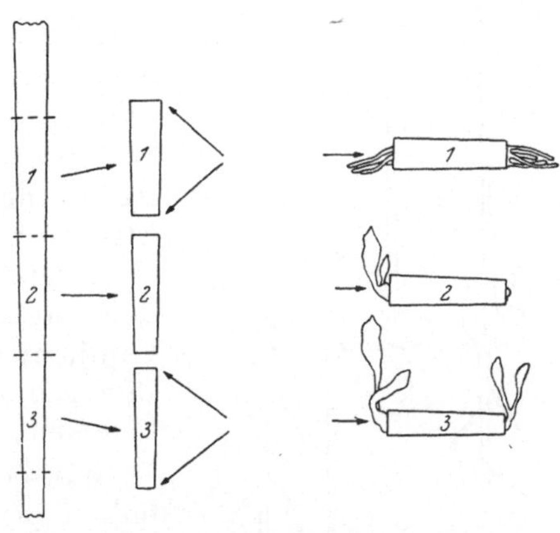

Abb. 9. Einfluß verschiedener Auxinkonzentration auf die Regeneration von Wurzelsegmenten bei *Taraxacum* und *Cichorium*. Die Zugabe von Auxin zur Schnittfläche bedingt, daß sich an beiden Enden Wurzeln bilden. Die Reduktion des Auxingehaltes, z. B. durch Zugabe von Äthylenchlorhydrin, bedingt, daß sich an beiden Enden Sproßanlagen entwickeln.

(Nach WARMKE und WARMKE.)

Damit sind die Versuche CASTANS ebenso zu bewerten, wie die älteren Angaben über Polaritätsumkehr, bei denen etwa durch Eingraben von Sproßspitzen in Erde oder durch Eintauchen in Wasser dort eine Wurzelbildung erreicht wurde. Von den älteren Angaben sei etwa erwähnt: KNY kultivierte *Hedera helix* und *Ampelopsis quinquefolia* mehrere Jahre bei inverser Orientierung. Es trat zwar an den vorher apikalen Teilen Wurzelbildung ein; aber nicht einmal in dieser und in anderen morphogenetischen Leistungen erfolgte eine völlige Umkehr. Für *Salix* sind weitgehende oder anscheinend vollständige Umkehrungen der morphogenetischen Leistungen beschrieben worden (STRASBURGER 1891, KLEBS, KÜSTER, FREUND, PONT, GRAHAM, HAWKINS und STEWART). Ein brauchbares Kriterium für die Umkehr der Polarität in solchen Fällen könnte nur sein, wie sich ein solches Organ verhält, wenn es, etwa durch Herausschneiden aus der Pflanze, in Bedingungen gebracht wird, bei denen auf beide Enden gleiche äußere Faktoren einwirken. Dann muß sich nach einiger Zeit zeigen, in welcher Richtung die Strukturasymmetrie jetzt besteht.

Ein gewisses Kriterium könnte auch die Richtung des Wuchshormonstromes sein, die ja bekanntlich weitgehend von der Polarität determiniert wird. Bei invers eingepflanzten Stecklingen von *Tagetes* hat WENT (1941) einen Wuchsstoffstrom gefunden, welcher der normalen Richtung entgegengesetzt war und ebenfalls anatomische Veränderungen beschrieben, die für eine Inversion der Polarität sprechen.

Mit diesen Beispielen begnügen wir uns, um zu zeigen, daß eine Umkehr der morphogenetischen Leistungen und der stofflichen Gradienten, die der morphogenetischen Polarität normalerweise zugrunde liegen, durchaus nicht notwendig eine Umkehr der Strukturpolarität bedeuten muß.

Die für die polar verschiedenen Entwicklungsleistungen verantwortlichen stofflichen Gradienten können sehr verschiedener Natur sein, und sie können durch sehr unterschiedliche äußere Faktoren modifiziert werden. Ist diese Modifizierung leicht und schnell erreichbar, so dürfen wir vermuten, daß die morphogenetische Polarität überhaupt nur direkt durch äußere Faktoren bedingt ist, eine Strukturpolarität also gar nicht vorliegt. Bei höheren Pflanzen ist an der Vertizibasilität offenbar immer eine Strukturpolarität beteiligt. Dagegen kann die Dorsiventralität in vielen Fällen schon allein auf den durch äußere Faktoren bedingten stofflichen Gradienten beruhen. Wieweit auch bei niederen Pflanzen stabile, also strukturelle Polaritäten vorkommen, muß hier kurz erörtert werden.

Wir betrachten zunächst *Bryopsis,* deren Verhalten wiederholt untersucht worden ist. Noll und Winkler (1900) hatten die leichte Umkehrbarkeit der polaren Entwicklungsleistungen durch Inversorientierung dieser Alge gefunden, bei der der relativ große Thallus bekanntlich querwandfrei ist. Unter solchen Bedingungen verwandelt sich der (etwa in den Sand gesteckte) „Sproß"-Gipfel in Rhizoide. Das Rhizoidende hingegen bildet „Sprosse" (Abb. 11). Die Versuche dieser und anderer Autoren ergeben, daß nicht die neue Orientierung im Schwerefeld für diese Änderung entscheidend ist, auch nicht die Tatsache, daß ein Pol festes Substrat berührt. Entscheidend sind allein die Beleuchtungsbedingungen. Schon Berthold hatte gefunden, daß eine Überführung der Pflanzen in Schwachlicht zur Bildung geschlängelter rhizoidähnlicher Fäden an der Scheitelregion führt. (Vgl. auch die Angaben von Wulff für *Dasycladus* und von Zimmermann für *Sphacelaria.*) Zu den belichteten Teilen wandern die Chromatophoren. Die Anwesenheit der Chromatophoren in der apikalen Region könnte, wie wir aus anderen Beobachtungen vermuten dürften, für die morphogenetischen Leistungen dieser Region wesentlich sein.

Nach Untersuchungen von Jacobs (1951) ist aber bei diesem Objekt die Lage der Chromatophoren nicht für die Formbildung entscheidend. Doch diese Frage braucht uns hier nicht weiter zu interessieren. Steinecke hat nun gemeint, die „innere Polarität" werde auch bei *Bryopsis* nicht geändert, sondern nur die äußere Morphologie. Steinecke meint, der Protoplast drehe sich gleichsam einfach infolge des Fehlens von Zellwänden um. Diese Auffassung stützt er vor allem auf Versuche mit Vitalfarbstoffen (Neutralrot

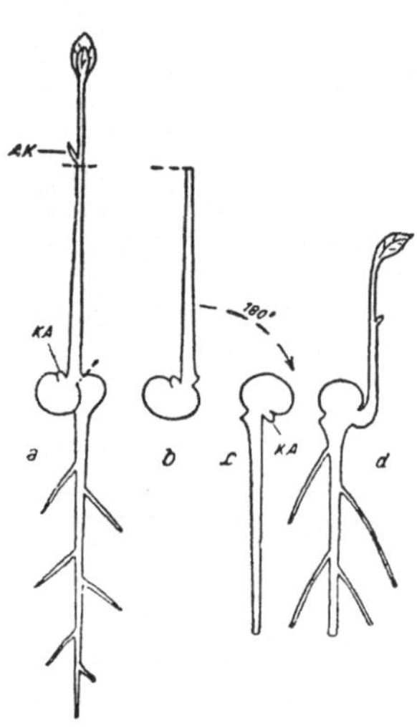

Abb. 10. „Umkehrung der Polarität" bei etiolierten Keimlingen von *Pisum. KA* Kotyledonarachselknospen; *AK* Achselknospe des Primärsprosses.
(Nach Castan, schematisiert von Lang.)

und Methylviolett) und mit eingeführten Tuscheteilchen. Nach diesen Versuchen wandert infolge des Umdrehens der Pflanze das „Apiciplasma" einfach wieder nach oben (Abb. 12). Die Farbstoffversuche können nicht ganz beweisend sein, weil ja die Möglichkeit besteht, daß nichtgefärbtes Plasma gewandert ist, sondern statt der einen jetzt eine andere Region des Plasmas färbbar geworden ist und der Farbstoff sich entsprechend umgelagert hat. Die Bewegung der Tuscheteilchen beweist natürlich das Vorhandensein von Plasmabewegungen, aber doch nicht klar den Austausch von Scheitel- und Basisplasma. Daß Umlagerungen protoplasmatischer Elemente stattfanden, ist aber natürlich durch die Wanderung der Chromatophoren erwiesen. Hier von einer Erhaltung der Polarität zu sprechen, hätte nur dann Sinn, wenn man damit meint, die Polarität beruhe nur auf dem Vorhandensein zweier verschiedener Protoplasmasorten, sie sei also primär eine „Polfeldpolarität" (Kühn), und die Stabilität bestehe darin, daß die eine Plasmaart nicht in die andere übergehen kann. Solange aber durch solche Versuche nicht wirklich ein Austausch der Protoplasmateile bewiesen ist, sollte man eher an quantitative als an qualitative Differenzen im Protoplasma der beiden Pole denken. Im Falle der *Bryopsis* würde man dann zu der Ansicht kommen, daß nicht eine protoplasmatische Strukturassymmetrie für solche

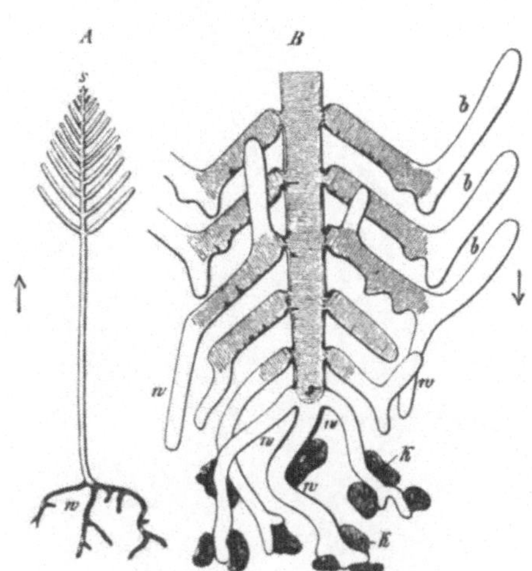

Abb. 11. *Bryopsis muscosa*. *A* aufrecht gewachsene Pflanze; *B* Spitze einer umgekehrten Pflanze, die sich in Rhizoiden umgewandelt hat. Die nichtschraffierten Teile kennzeichnen das nach dem Umkehren Hinzugewachsene, die schraffierten das z. Zt. der Umkehrung Vorhandene; *w* Rhizoide; *k* Sandkörnchen; *b* Blattfiedern; *s* „Stamm"-Spitze.
(Nach Noll aus Pfeffer.)

Differenzen entscheidend ist, diese vielmehr unmittelbar von den unterschiedlichen Außenbedingungen abhängen. Der Ansicht, daß hier gar keine Strukturpolarität vorliegt, hat schon Winkler zugeneigt, indem er meinte, die unterschiedlichen Entwicklungsleistungen an beiden Polen seien nicht Ausdruck einer „inhärenten Polarität", sondern direkte Folge der ungleichen Beleuchtungsbedingungen. Diese Ansicht hat viel für sich. Durchaus nicht ausgeschlossen ist es aber auch, daß nur die „Integralpolarität" eine Gefällepolarität ist, daneben aber eine „Differentialpolarität" besteht, die struktureller Natur sein könnte. Das ließe sich nur entscheiden, wenn geprüft wird, ob ein aus der Zelle herausgeschnittenes Stück in der Lage ist, stoffliche Gefälle neu herzustellen. Die Versuche von Zimmermann (1929) an *Caulerpa* legen für dieses Objekt eine solche Möglichkeit nahe. Hier zeigt jedes herausgeschnittene „Blatt"-Stück insofern eine vertikale Polaritätsachse als Rhizoide vorzugsweise an der Basis, junge „Blätter" am apikalen Teil entstehen. Auch bei *Caulerpa* kann man die polaren morphogenetischen Leistungen umkehren. Induziert werden sie nach Zimmermann schon durch einfache Inversstellung. Während die morpho-

logisch-basalen Enden bei normaler Orientierung nur 16% „Blätter" bildeten, ließen sie 24% entstehen, sofern sie nach oben zeigten. Dostal konnte
bei *Caulerpa* durch Einstecken des apikalen Endes in Schlamm sogar eine

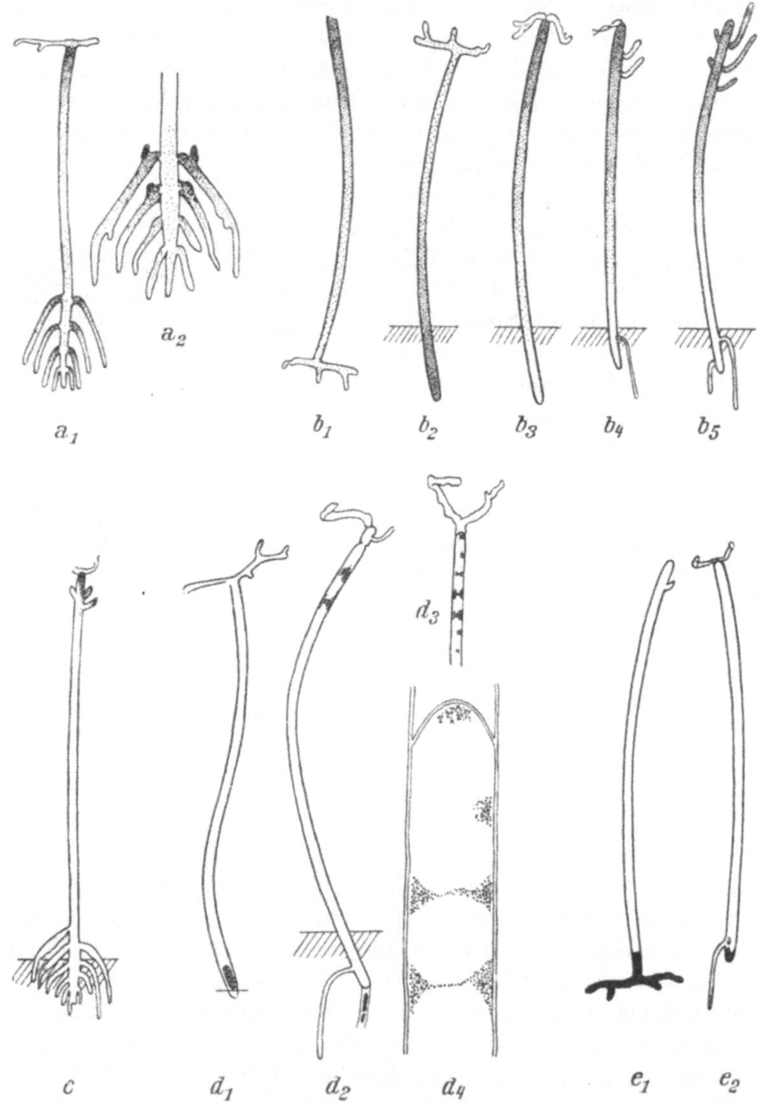

Abb. 12.   Umkehrungsversuche mit *Bryopsis. a B. cupressoides; b—d B. disticha.* In *a* und *b* bedeutet
dunkel die Ansammlung der Chromatophoren, in *c—e* die eines Vitalfarbstoffes; d_4 das obere Stück von d_3
stärker vergrößert, oben die gegen den abgestorbenen Rhizoidteil gebildete Querwand.
(Nach Steinecke aus Kühn.)

völlige Umkehr erzielen, über die natürlich das Gleiche zu sagen wäre wie
bei *Bryopsis.* Nach Zimmermann zeigen auch noch Blattstücke, die nur $1/10$ des
alten Blattes umfassen, die Polarität. Diese Tatsache spricht doch sehr
dafür, daß nicht eine bestimmte Lage an der Achse der Integralpolarität,
also eine bestimmte Entfernung von Spitze oder Basis dafür ausschlag-

gebend ist, ob Blatt oder Rhizoid gebildet wird, sondern jedes Stück vermöge einer inhärenten Polarität erneut Gefälle herstellen kann.

Es ist durchaus denkbar, daß es sich bei *Acetabularia* ähnlich verhält. Durch die Versuche von HÄMMERLING ist klar gezeigt worden, daß in den großen Zellen der *Acetabularia* stoffliche Gefälle bestehen (Abb. 13). Auf die interessanten Untersuchungen über die Abhängigkeit der Bildung dieser Gefälle vom Zellkern braucht hier nicht näher eingegangen zu werden. Erschlossen wurden diese Gefälle aus Regenerationsversuchen. Hier ist es nun offenbar so, daß für die Art der Regenerationsleistungen, die an einem bestimmten Punkt eines herausgeschnittenen Stückes auftreten, entscheidend ist, wie hoch bzw. tief in der Zelle dieser Punkt gelegen hat, wie also das Mengenverhältnis der „Stoffe für Vorderende" und der „Rhizoidstoffe" ist. Die Stoffe für „Vorderende" können somit nicht nur am Vorder-, sondern auch am Hinterende von Zellausschnitten die für das apikale Ende charakteristischen Haarwirtel und Hutanlagen entstehen lassen, wenn nur der Zellausschnitt aus einer Zellregion stammte, in der sich eine hohe Konzentration dieser Apikalstoffe befand. Die Richtung dieser Gefälle hängt von der Lage des Kerns ab. Offen bleibt dabei natürlich die Frage, welcher Faktor die Kernlage bestimmt. Wenn die basale Lage des Kerns eine direkte Folge der äußeren Faktoren sein sollte, so könnte man die Vermutung aufrechterhalten, daß hier eben nur eine Gefällepolarität vorliegt. Einige Beobachtungen sprechen dafür, daß auch hier eine Strukturpolarität vorliegt. Vor allem kann angeführt werden, daß für die Art der an einer Schnittwunde auftretenden Regeneration nicht nur entscheidend ist, wie hoch diese Stelle innerhalb der Zelle lag, sondern es ist auch mitentscheidend, ob diese Stelle beim Herausschneiden aus der ursprünglichen Zelle obere oder

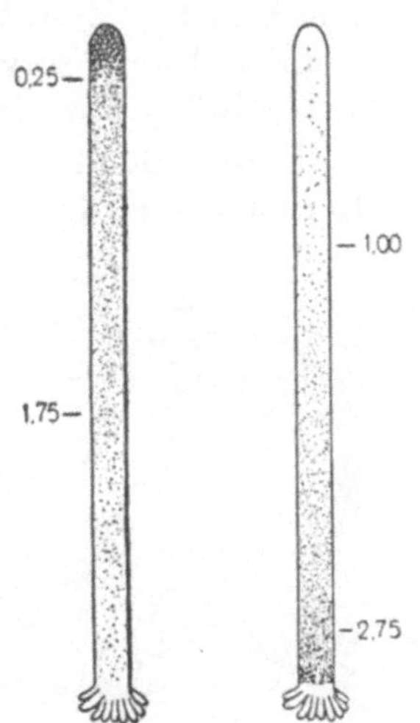

Abb. 13. Schema der Konzentrationsgefälle von Formbildungsstoffen bei *Acetabularia*, wie sie aus Regenerationsversuchen erschließbar sind. Links Stoffe für Vorderende (Hut). Rechts Rhizoidstoffe. (Nach HÄMMERLING.)

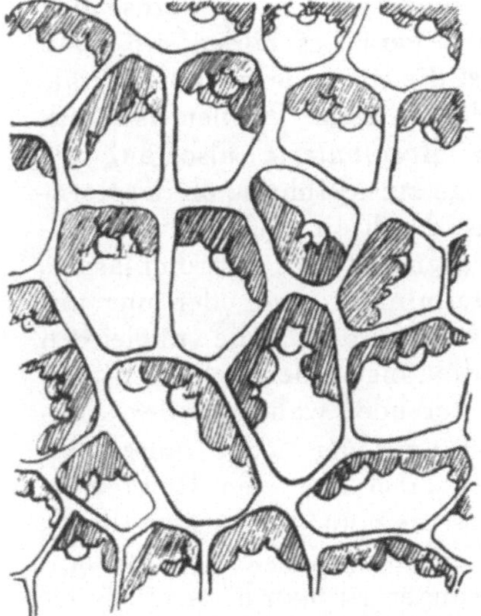

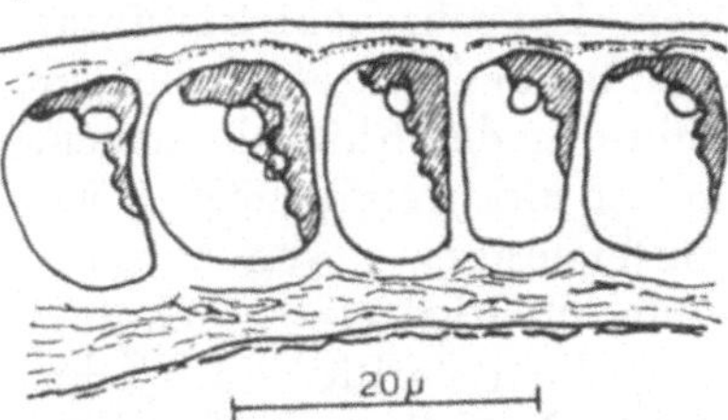

Abb. 14. Zellen von *Enteromorpha compressa* in Flächenansicht (oben) und im Längsschnitt (unten). Chromatophoren fast ausnahmslos am apikalen Ende der Zellen, im Längsschnittbild schwach entwickelt und einseitig spitzenwärts verlagert (Thallusspitze nach rechts). (Nach MÜLLER-STOLL.)

untere Schnittwunde wird. Das spricht dafür, daß innerhalb des herausgeschnittenen Zellteils noch nachträglich wieder ein Gefälle hergestellt oder verstärkt werden kann. — In einer neueren Untersuchung hat Hämmerling (1955) betont, wie leicht die Umkehr der morphogenetischen Polarität bei *Acetabularia* ist. Daher könnte die Strukturasymmetrie also wohl höchstens schwach wirksam sein und die Polarität hier wirklich im wesentlichen nur eine Gefällepolarität darstellen.

Entscheidend für den Ort der Rhizoidbildung ist bei *Acetabularia* die Kernlage. Wird der Kern an der vorderen Schnittfläche implantiert, so bilden sich die Rhizoide hier. Etwas Ähnliches ist zu beobachten, wenn ein Kern „zufällig" in die Spitze des wachsenden Stiels gerät; es bilden sich dann dort die Rhizoide, also der distale Pol. Das ganze Problem läßt sich für *Acetabularia* also auf die Frage zurückführen, ob die Kernlage durch eine inhärente Strukturasymmetrie des Protoplasmas determiniert wird oder nur unmittelbar durch die ungleichen Bedingungen, denen Vorder- und Hinterende während der Entwicklung der Zelle ausgesetzt sind (also nur eine Heteromorphose im Sinne Winklers vorliegt).

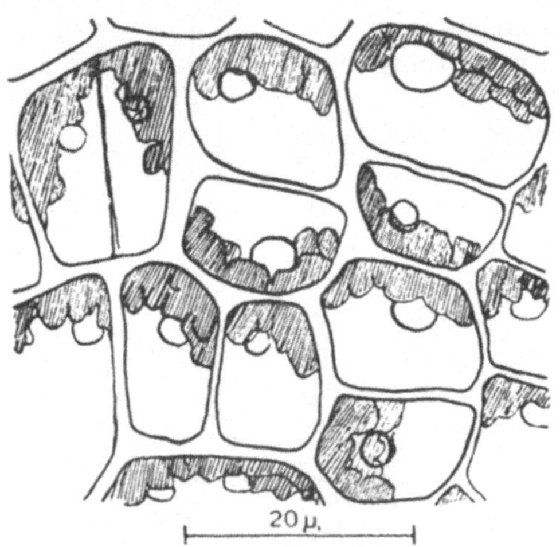

Abb. 15. *Enteromorpha compressa.* Zellen in Flächenansicht mit teilweise entgegengesetzter Lagerung der Chromatophoren nach Querteilung, rechts unten Chromatophor in Drehung begriffen. (Nach Müller-Stoll.)

Zu diesen vorsichtigen Formulierungen ist man hinsichtlich der *Acetabularia* gezwungen, weil für andere Algen eine sehr hohe Stabilität der Polarität nachgewiesen worden ist. Das gilt z. B. für *Cladophora,* bei der isolierte Zellen immer eine streng polare Ausbildung der Rhizoide zeigen, und eine Beeinflussung dieser Polarität zumindest nicht leicht möglich ist. Etwas näher eingegangen sei hier auf die Untersuchungen von Müller-Stoll an *Enteromorpha.* Bei dieser Alge konnte zunächst einmal ähnlich wie für *Cladophora* nachgewiesen werden, daß die Polarität auch jeder Einzelzelle zukommt. Werden die Thallusstücke in Nährlösungen fertil, so bilden gelegentlich einige der Zellen keine Schwärmer. Diese „Restzellen" und auch Restzellen, die bei einer Schädigung des Thallus verbleiben, wachsen mit rhizoidartigen Zellschläuchen aus, wobei die Polarität gewahrt bleibt. Die Zellpolarität kommt bei *Enteromorpha* auch in der Lage der Plastiden zum Ausdruck (Abb. 14, 15, 16). Natürlich ist diese Lage (am apikalen Ende) selber Folge der Zellpolarität. Werden die Chromatophoren verlagert, wie es bei der Zellteilung vorkommt oder durch Zentrifugierung erreichbar ist, so wandern sie wieder in ihre alte Lage zurück. Es ist also offenbar eine stabile Polarität vorhanden, die die stofflichen Gradienten auch bei deren experimenteller Störung wiederherstellen kann. Demgemäß gelingt es bei *Enteromorpha* auch nicht ohne weiteres, die Polarität der morphogenetischen Leistungen umzukehren. Nur durch mehrfaches Zentrifugieren in Abständen von 1—2 Tagen kann erreicht werden, daß sich am basalen Pol an Stelle von Rhizoiden die sonst für den apikalen Pol charakteristischen Papillen bilden. MÜLLER-STOLL kommt durch seine Be-

obachtungen zur Ansicht, daß nicht die Zellpolarität, sondern nur die Polarität der Regenerationsleistungen modifiziert wird. Auf die hier, ähnlich wie bei den Untersuchungen an *Bryopsis* vermutbare mögliche Rolle der Plastidenverteilung bei den polaren morphogenetischen Leistungen kommen wir später noch wieder zurück. Auf eine neue Arbeit von SANDAN über die Polarität der Internodialzellen von *Chara* und *Nitella* sei hier nur kurz hingewiesen.

Die erwähnte Möglichkeit, polare Entwicklungsleistungen durch Licht oder Schwerkraft umzukehren, ist bei mehreren Objekten erkennbar (BERTHOLD, WULFF, ZIMMERMANN). Auch elektrische Felder können dabei wichtig sein (SCHECHTER). Wir brauchen hier auf diese Angaben noch nicht einzugehen, weil es uns nur darauf ankam, zu zeigen und zu betonen, daß eine Umkehr der polaren Entwicklungsleistungen nicht schon eine

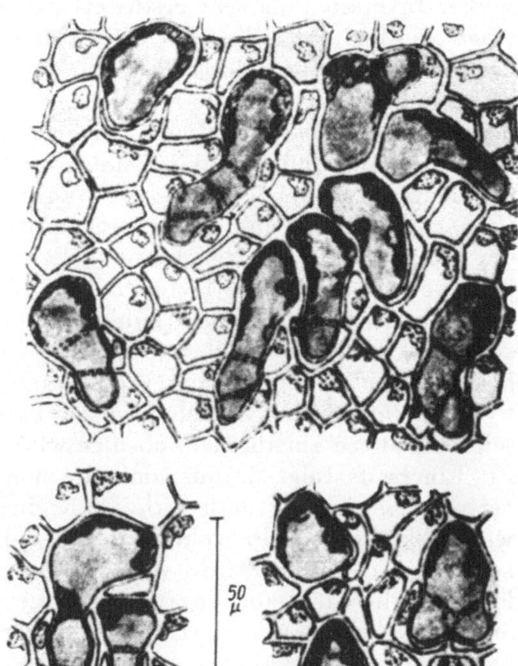

Abb. 16. Auswachsen überlebender Restzellen in einem größtenteils abgestorbenen Thallusstück von *Enteromorpha compressa* in vorwiegend basaler Richtung; getötete Zellen zeigen intensive Neutralrotfärbung.
(Nach MÜLLER-STOLL.)

Umkehr der Polarität ist. Für die polaren Entwicklungsleistungen sind stoffliche Gefälle notwendig. Diese können eben sehr leicht durch äußere Faktoren der genannten Art modifiziert werden, ohne daß die polare Plasmastruktur, die normalerweise diese Gefälle herstellt, beeinträchtigt wird. Eine wirkliche Polaritätsumkehr ist nur in solchen Fällen leicht möglich, in denen die Polarität ausschließlich eine Gefällepolarität ist, das Gefälle also nicht durch eine Struktur, sondern unmittelbar durch die unterschiedlichen Außenbedingungen an beiden Enden hervorgerufen wird. Aber auch in den beschriebenen Fällen der Polaritätsumkehr ist es durchaus nicht sicher, ob nicht doch auch eine Strukturasymmetrie vorhanden ist. Feststellen könnte man das durch die Prüfung von Gewebe- oder Zellstücken, bei denen beide Enden gleichen Außenbedingungen ausgesetzt sind. Eine andere Möglichkeit, hier eine Entscheidung zu treffen, besteht in Pfropfungsversuchen. Wenn eine Verwachsung der Pfropfpartner nicht oder nur schwierig gelingt, sofern „gleichnamige" Pole aufeinanderstoßen, also etwa das Pfropfreis um 180⁰ gedreht worden ist, so darf man vermuten, daß eine stabile Polarität im Spiel ist. Nicht nur bei höheren Pflanzen, sondern z. B. auch bei Hutpilzen (Weir) hat man gefunden, daß die Verwachsung nach solcher Inversstellung sehr erschwert ist. Andererseits darf aber nicht übersehen werden, daß selbst bei Blütenpflanzen homopolare Pfropfungen gelingen können (Bergann, Haupt).

Schließlich sei hier noch betont, daß es auch manche Pflanzen gibt, bei denen die Polarität offenbar im jugendlichen Stadium längere Zeit sehr labil sein kann und erst später stabil wird. Erwähnen könnte man etwa die Untersuchungen von Fitting (1950) an Sporenkeimlingen von Laubmoosen (*Funaria hygrometrica* und *Physcomitrium*-Arten). Hier ist die Polarität der Keimorgane, bei denen die Zellen ja entweder den Charakter von Chloronema oder von Rhizoid haben können, sowohl in morphologischer als auch in physiologischer Hinsicht umkehrbar. Die physiologische Umstimmung äußert sich darin, daß der für Chloronemen charakteristische positive Phototropismus unter bestimmten Bedingungen von einem negativen Phototropismus abgelöst werden kann. Es ist gar nicht leicht, in einem solchen Fall zu entscheiden, ob hier wirklich eine Polaritätsumkehr erfolgt ist. Einerseits folgt daraus, daß die morphogenetischen Leistungen polar verschieden sind, ja noch nicht, daß eine inhärente Polarität ausgebildet war. Es könnte ja sehr wohl auch sein, daß nur die obengenannten Möglichkeiten 1 und 2 verwirklicht waren. Dann aber ist es selbstverständlich sehr leicht möglich, die morphogenetischen Leistungen auch wieder direkt durch äußere Faktoren zu modifizieren. Andererseits folgt, wie wir schon gesehen haben, aus einer Modifizierbarkeit der polaren morphogenetischen Leistungen durch äußere Faktoren noch nicht, daß eine eventuell vorhandene inhärente Polarität, die a u c h an der Herstellung einer solchen morphologischen Polarität beteiligt sein kann, nicht vorhanden war. Es ist für diese Diskussion bemerkenswert, daß nach den Beobachtungen von Fitting negativ phototropisch gewordene Chloronemen ohne ersichtliche Ursache mit der Zeit von selber wieder positiv phototropisch werden können. Daraus könnte man schließen, daß eine inhärente Polarität während des ganzen Versuchs erhalten geblieben ist.

Natürlich kommt es bei unserer Darstellung hier nicht auf eine befriedigende Analyse aller beobachteten Einzelfälle an. Es sollte nur an den herausgewählten Beispielen gezeigt werden, welche Möglichkeiten bestehen und wie vorsichtig man bei der Interpretation sein muß.

Gute Beispiele für labile Polaritäten bieten viele Fälle der Dorsiventralität. Obwohl die Dorsiventralität zu polar sehr stark verschiedenen Entwicklungsleistungen führen kann, ist sie doch in einigen Fällen so labil, daß sie durch eine Umkehr der Gradienten äußerer Faktoren sofort modifiziert werden kann. Natürlich wird das an morphogenetischen Leistungen nur erkennbar, wenn noch Entwicklungsvorgänge ablaufen. An physiologischen Leistungen kann es während des ganzen Lebens erkennbar bleiben. Z. B. gibt es Pflanzen, die bei einer Inversstellung ihre tagesperiodischen

Blattbewegungen so ausführen, wie es der neuen Lage im Schwerefeld der Erde entspricht. Gerade an diesem Beispiel können wir aber sehen, wie verschieden die Dinge bei den einzelnen Arten liegen. Es gibt nämlich auch Pflanzen, bei denen die Bewegungen unter solchen Bedingungen in bezug auf die Pflanze ebenso bleiben wie vorher. Genau so verschieden verhalten sich die einzelnen Arten in der Beeinflußbarkeit der morphogenetischen Dorsiventralität durch die äußeren Faktoren. Wir werden mehrere Fälle später etwas näher betrachten. Auch der Dorsiventralität liegt natürlich eine Gefällepolarität zugrunde, also die auf S. 9 genannten Möglichkeiten 1 und 2 sind verwirklicht. Aber diese Gefälle werden eben bei einigen Objekten direkt durch die Außenfaktoren bedingt. Bei einer Gleichheit der Außenfaktoren auf beiden Seiten gehen sie dann verloren, weil offenbar keine protoplasmatische Asymmetrie vorhanden ist, die sie aufrechtzuerhalten bzw., bei einer Störung, zu restituieren vermag.

3. Induktion und Änderung der Polarität

a) Allgemeines

Untersuchungen über die Faktoren, welche die Polarität induzieren, können erheblich zur Aufklärung des Wesens der Polarität beitragen. Generell muß aber auch hier gleich wieder darauf hingewiesen werden, daß wir nicht die Beeinflussung polarer Entwicklungsleistungen mit einer Beeinflussung der Polarität verwechseln dürfen. Ein Kriterium für die Induktion der Polarität darf also nicht schon die Verursachung unterschiedlicher morphogenetischer Prozesse sein, sondern erst die Stabilität in der Tendenz zu solchen morphogenetischen Polaritäten.

b) Induktion und Beeinflussung der Polarität durch Wechselwirkung mit anderen Zellen

Zellen ohne Polarität oder doch mit einer sehr labilen Polarität kommen in bestimmten Entwicklungsstadien regelmäßig vor. Namentlich können Gameten und Sporen vorübergehend anscheinend apolar sein.

Voraussetzung für die Apolarität solcher Entwicklungsstadien ist die Gleichmäßigkeit der sie bei ihrer Bildung umgebenden Bedingungen. Diese Gleichmäßigkeit kann gewahrt sein, wenn in einem Gametangium viele Gameten bzw. in einem Sporangium viele Sporen entstehen. Aber z. B. schon bei Objekten wie den Oosporen von *Vaucheria* ist diese Bedingung nicht mehr gewährleistet. Die Ungleichmäßigkeit der Bedingungen, die dadurch gegeben ist, daß die Oospore an einer Seite der Mutterpflanze genähert ist, genügt, um eine experimentell später nicht mehr beeinflußbare Polarität zu bedingen: Der Keimschlauch entspringt basal, d. h. an dem der Mutterpflanze zugewendeten Pol (RIETH). Auch auf die Untersuchungen von KOSTRUN an Algenschwärmern kann hier hingewiesen werden. Sofern nur ein einzelner Schwärmer gebildet wird, entspricht dessen Längsachse der Querachse der Mutterpflanze. Setzt sich der Schwärmer mit dem Vorderende fest, so dreht sich der Inhalt oft um 90°, so daß die alte Polarität restituiert wird. Bei Blütenpflanzen ist die Gleichmäßigkeit der Bedingungen in den Samenanlagen so groß, daß nicht nur die junge Eizelle, sondern, wenigstens in manchen Fällen, sogar schon die Embryosackmutterzelle polarisiert sein kann (vgl. Wardlaw, Renner).

Determination der Polarität der Embryonen durch die Mutterpflanze bei Farnen und Blütenpflanzen sowie Arten mancher anderen Gruppen ist schon seit langem bekannt. Sie ergibt sich deutlich aus der festen Beziehung zwischen der Polaritätsachse der Mutterpflanze und der der Embryonen. Die Lage dieser Polaritätsachse im Embryo wird bekanntlich aus der Richtung der ersten Teilungswand deutlich. Die Art dieser Beziehung braucht uns hier im einzelnen nicht zu interessieren (vgl. die ausführlichen Hinweise bei Wardlaw). Für *Ceratopteris thalictroides* hat Wetter darauf hingewiesen, daß die erste Teilungswand unabhängig von den Außenfaktoren angelegt wird. Es besteht vielmehr ein deutlicher Zusammenhang zwischen

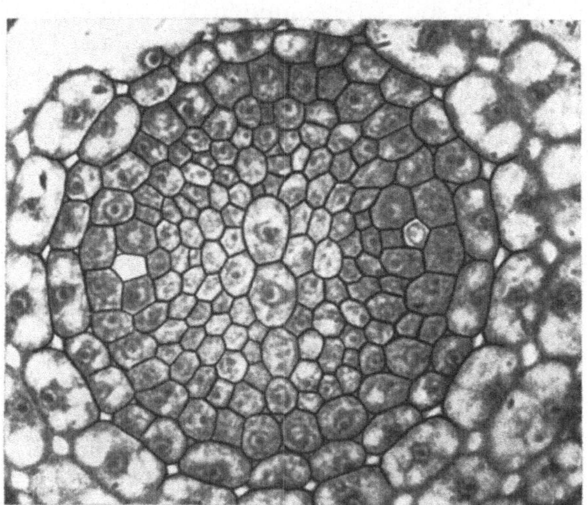

Abb. 17. *Sinapis*, Sämlingswurzel. Querschnitt in etwa 200 µ Höhe oberhalb der Zentralzelle. Die transversale Polarität im Gewebe und die Anlage des Xylems sind deutlich erkennbar (in der Senkrechten des Bildes). Rechts und links junge Stadien der Phloembildung mit den beiden Ursiebröhren unmittelbar innerhalb vom Perizykel. (Nach Bünning.)

der Polarität der Prothalliumzellen und der des Sporophyten. Bei Kulturversuchen mit isolierten Embryonen von *Capsella bursa-pastoris* fand Rijven, daß eine Voraussetzung für das Gelingen der Kultur ein schon erreichtes gewisses Maß der Differenzierung ist. Danach kann vermutet werden, daß für die ersten Differenzierungsschritte (und diese sind ja an die Induktion der Polarität gebunden) die Herstellung gewisser stofflicher Gradienten durch die Mutterpflanze notwendig ist. Welcher der von den Geweben der Mutterpflanze ausgehenden Faktoren für diesen richtenden Einfluß entscheidend ist, läßt sich vorerst nicht erkennen.

So wie beim Embryo, beim Embryosack oder der Embryosackmutterzelle wird auch beim Pollenkorn der Blütenpflanzen die Polaritätsachse durch eine Wechselwirkung mit anderen Zellen bestimmt, jedoch sind in diesem Fall nicht Zellen der Mutterpflanze, sondern die übrigen Pollenkörner verantwortlich. In der Pollenmutterzelle ist die Polarität noch nicht erkennbar, wohl aber in den Pollenkörnern. Sie äußert sich klar in der Differenzierung zur vegetativen und generativen Zelle. Gewöhnlich steht die Polaritätsachse so, daß ein Pol zum Mittelpunkt der Tetrade zeigt. Jedoch ist es von Art zu Art verschieden, ob der Pol, an dem sich die vegetativen Zellen ausbilden, zum Innern der Tetrade zeigt oder entgegengesetzt (GEITLER 1935).

Nur kurz angedeutet sei, daß bei Blütenpflanzen nicht allein die Vertizibasilität der Embryonen durch die Lage im umgebenden Gewebe determiniert wird, sondern auch die ganzen Symmetrieverhältnisse, also die Lage der weiteren „Polaritätsachsen". Der Embryo scheint mit seiner Breitseite, also der Ebene, in der die Kotyledonen liegen, zumindest oft in einer bebestimmten Ebene der Mutterpflanze bzw. der Samenanlage zu liegen. Und selbst in der Wurzel kann der Embryo schon unterschiedliche radiale Achsen aufweisen. Durch diese Unterschiede kann etwa festgelegt sein, in welcher Richtung sich die ersten Gefäßstränge anlegen (Abb. 17, BÜNNING 1951). Auch dafür ist möglicherweise ein richtender Einfluß der Mutterpflanze wichtig.

Die erwähnte Konsequenz, daß für die wechselseitige Beeinflussung der Polaritätsverhältnisse stoffliche Gradienten verantwortlich sind, ist fast selbstverständlich. Sie wird aber noch durch Beobachtungen über die Polaritätsinduktion an freiliegenden Zellen unterstrichen. Namentlich können hier die Untersuchungen über den sog. Gruppeneffekt bei der Polaritätsinduktion von Fucaceeneiern erwähnt werden (Abb. 18). Solche Eier können sich gegenseitig polarisieren (vgl. z. B. ROSENWINGE sowie die bei BLOCH und bei WARDLAW zitierte Literatur). Dieser Gruppeneffekt erinnert an die gegenseitige Polarisierung, die

Abb. 18. In einer Gruppe von *Fucus*-Eiern entwikkeln sich die Rhizoide in der Richtung zum Mittelpunkt der Gruppe. (Nach OLSEN und DUBUY.)

wir für die Pollenkörner erwähnt haben. Der Effekt tritt bei *Fucus* auch dann noch ein, wenn sich die Zellen nicht berühren, sondern bis zu ca. 0,3 mm voneinander entfernt liegen (vgl. hierzu auch die Angaben für Pollenkörner bei BEAMS und KING). Durch die ausführlichen Untersuchungen von WHITAKTER (1931, 1937 sowie die Literaturverzeichnisse bei BLOCH und WARDLAW) sowie WHITAKTER und LOWRANCE können wir auch schon Vermutungen über die Natur der chemischen Agentien äußern, die für die wechselseitige Induktion maßgeblich sind. Daß es sich nicht um artspezifische Stoffe handelt, ergibt sich aus dem Auftreten des Gruppeneffekts zwischen Eiern verschiedener *Fucus*-Arten. Die Rolle der Produktion einer gewissen Stoffmenge wird aus der Tatsache erkennbar, daß der Effekt nur eintritt, wenn viele Eier beieinanderliegen. Bemerkenswert ist, daß der Effekt durch große Acidität erhöht wird. So genügte bei pH = 6 schon eine wesentlich geringere Anzahl von Eiern als im normalen Seewasser. Durch alkalische Reaktion kann sogar ein negativer Gruppeneffekt erzielt werden. Vielleicht ist, so vermuten die genannten Autoren, die normale CO_2-Produktion durch die Eier schon für die Induktionswirkung ausreichend. Jedoch hat kürzlich JAFFE gezeigt, daß bei *Fucus serratus* weder CO_2-Entzug durch Photosynthese, noch starke Änderung der Pufferungskapazität den Gruppeneffekt beeinflußt, Gradienten von Wasserstoff-Ionen, CO_2 oder O_2 also nicht entscheidend sein können. Daß der Gruppeneffekt auch zwischen Zellen verschiedener Arten möglich ist, hat kürzlich WEBER (1957) bestätigt: Aplanosporen von *Vaucheria geminata* und Zoosporen von *V. sessilis* zeigen diese Wechselwirkung.

Bei solchen wechselseitigen Beeinflussungen der Polarität denkt man immer wieder an die mögliche Rolle des Auxins. Wir wissen ja, daß das Auxin bei den polaren morphogenetischen Leistungen der Pflanze eine große Rolle spielt. Aber auch für die Induktion der Polarität scheint es wichtig zu sein. In diesem Sinne wären also Auxin-Gradienten einerseits die Folge, andererseits aber auch die Ursache der inhärenten Protoplasmapolarität. So ist es bemerkenswert, daß die Fucaceen Auxin enthalten (DuBuy und Olsen, Overbeek). Und weiterhin wurde gefunden, daß sich der Rhizoidpol dort ausbildet, wo viel Auxin geboten wird. Die genannten chemischen Wechselwirkungen könnten also vielleicht darauf beruhen, daß sie entweder direkt die Richtung der Auxinströme beeinflussen oder daß die von den Zellen bedingten chemischen Gefälle anderer Art für die Herstellung von Auxin-Gradienten in den zu induzierenden Zellen sorgen. Ein Aciditätsgefälle z. B. könnte die Herstellung von Auxin-Gradienten ohne weiteres verständlich machen.

Zu den wechselseitigen Beeinflussungen zwischen Zellen gehört schließlich auch noch die Beeinflussung der Polarität der Eizellen von Fucaceen durch das eindringende Spermatozoid. Knapp fand, daß bei *Cystosira* (wo die Polarität durch Licht leicht induzierbar ist) im Dunkeln das Rhizoid dort entsteht, wo das Spermatozoid in die Eizelle eingedrungen ist. Er schloß daraus, daß solche Faktoren wie Licht die Polarität nicht erst hervorrufen, sondern eine mindestens vom Zeitpunkt der Befruchtung an vorhandene Polarität nur ausrichten. Mit dieser Schlußfolgerung stimmen auch die Beobachtungen Nakazawas (1956) an den Eizellen der Braunalge *Coccophora Langsdorfii* überein. Befinden sich die befruchteten Eier in ständiger Bewegung, so wird doch, also trotz des Fehlens äußerer Gradienten, die Polarität deutlich.

c) Induktion und Beeinflussung der Polarität durch Licht

Die Induzierbarkeit der Polarität durch Licht ist besonders auffällig und zugleich aufschlußreich hinsichtlich der Natur der Polarität. Gerade beim Studium dieser Induktion dürfen wir aber nie vergessen, daß das Licht sehr leicht auch direkte morphogenetische Wirkungen ausübt, also polare Verschiedenheiten entstehen können, ohne daß die inhärente Polarität modifiziert oder induziert wird. Wir wissen, daß die Stabilität der Veränderungen ein Kriterium zur Unterscheidung dieser Möglichkeiten ist.

Bei der eigentlichen Induktion der Polarität durch Licht ist besonders bemerkenswert, daß die Empfindlichkeit für diese Lichtwirkung nur kurze Zeit besteht. Bei *Cystosira*-Eiern beginnt die Empfindlichkeit sogleich nach der Befruchtung und sie besteht etwa 4 Std. lang. *Fucus*-Eier können noch 12—13 Stunden nach der Befruchtung empfindlich sein (vgl. die Arbeiten von Whitaker, Knapp, Kniep, Winkler sowie die weiteren Literaturangaben bei Bloch). Bei den Sporen von *Equisetum palustre* wird nach den Untersuchungen von Mosebach die größte Empfindlichkeit 4 Stunden nach der Aussaat erreicht. Nach der Einwirkung des Lichts wird in solchen Fällen die Polarität dann rasch stabil. Eine Änderung der Polaritätsachse ist in der Regel nur noch kurze Zeit, bis zur Beendigung des Stabilisierungsprozesses, möglich (HAUPT 1957).

Wenig geklärt ist die grundsätzlich wichtige Frage, ob es sich bei dieser Festlegung der Polaritätsachsen um eine Induktion der Polarität oder nur um deren Ausrichtung handelt. Welchen Sinn und welche Berechtigung diese Frage hat, könnte man aber erst entscheiden, wenn mehr über das Wesen der strukturellen Asymmetrie des Protoplasmas bekannt ist. Für die *Cystosira*-Eier ergibt sich schon aus den mitgeteilten Befunden KNAPPS, daß nur die Ausrichtung bereits angelegter Ordnungen stattfindet. Denn wenn das Licht fehlt, bestimmt ja das schon vor der Herstellung der Lichtempfindlichkeit eindringende Spermatozoid die Polaritätsachse. NAKAZAWA (1956 a, b) zieht die gleiche Schlußfolgerung für die Eier der Fucacee *Coccophora* und für die Sporen von *Equisetum*.

Die erforderlichen Lichtintensitäten und Lichtmengen sind relativ niedrig. Nach den Angaben von KNIEP und von NIENBURG genügen schwache Glühbirnen bzw. Auer-Glühstrümpfe in einer Entfernung von mehreren Dezimetern. KNAPP arbeitete mit 200-Watt-Glühbirnen. Besser geprüft wurden die erforderlichen Reizstärken von MOSEBACH. Bei *Fucus*-Eiern und bei *Equisetum*-Sporen war eine vierstündige Beleuchtung mit etwa zwei visuellen MK zur Induktion ausreichend.

Genauere Angaben bringt eine neue Untersuchung von HAUPT (1957) an *Equisetum*-Sporen. Mit dem Elektronenblitz ist noch bei einer Beleuchtungszeit von $^1/_{1000}$ sec. eine Induktion möglich. Beachtenswert ist dabei weiter, daß das Reizmengengesetz in einem weiten Intensitätsbereich (1 : 625) gültig ist. Offensichtlich greifen also wenigstens während der Lichteinwirkung selber komplizierte physiologische Prozesse noch nicht ein, sondern es läuft nur ein relativ einfacher photochemischer Vorgang ab. Dementsprechend ist der eigentliche Induktionsvorgang auch (nach HAUPT) nicht temperaturabhängig (geprüft zwischen $+2$ und $+30^0$ C).

Will man nun klären, wie das Licht in diesen Fällen wirkt, so müssen vor allem zwei Teilfragen untersucht werden:

1. Welche Lichtqualitäten sind wirksam und
2. auf welche Teile der Zelle muß das Licht wirken?

Wirksam ist, wie schon HURD fand, nur kurzwellige Strahlung, und zwar bis in den Bereich des Ultraviolett hinein (REED und WHITAKER).

Nach den Untersuchungen von WHITAKER bei *Fucus* und von MOSEBACH an *Cystosira* liegt das Ende des Wirkungsspektrums für die Induktion der Polarität zwischen 5900 und 5200 Å oder gar noch tiefer; d. h. nur die kurzwellige Strahlung ist wirksam. WHITAKER (vgl. auch WHITAKER und LOWRENCE) zeigte auch, daß UV stark wirkt. Dabei ist kurzwelliges UV (2345 bis 2804 Å) wirksamer als langwelliges (3130 bis 3660 Å). Es besteht hierbei eine gewisse Parallelität zur UV-Absorption der Zelle. Bei *Equisetum* liegt nach den Untersuchungen von MOSEBACH die Grenze der Wirksamkeit zum Langwelligen ebenfalls bei etwa 5000 Å, und auch hier nimmt die Wirkung mit abnehmender Wellenlänge zu und zwar anscheinend bis zum UV hinein. Für diese Steigerung bis ins UV spricht vor allem auch, daß nur in reinem

UV die Polaritätsachse streng ausgerichtet wird, dort aber selbst dann, wenn die Energie geringer ist als im sichtbaren Licht. Wahrscheinlich liegt also bei *Fucus* und *Equisetum* die gleiche strahlungsabsorbierende Substanz vor. Die Gesamtabsorption in den Zellen dürfte trotz der erwähnten Parallelität zur Wirksamkeit nicht entscheidend sein; denn mit einer solchen Annahme wäre schon die völlige Wirkungslosigkeit längerwelliger Strahlung nicht vereinbar. Wenn die gesamte Absorption entscheidend wäre, müßte die Wirksamkeit von Blaulicht auch noch viel kleiner sein als die von Ultraviolett, zumal wir sehen werden, daß die Absorption im Cytoplasma allein entscheidend ist, nicht die Absorption in Chromatophoren. Bei weitem am besten passen die veröffentlichten Daten zur Annahme, daß die entscheidende Strahlungsabsorption im Riboflavin vollzogen wird (Abb. 19). Für diese Annahme spricht weiterhin, daß Riboflavin auch bei vielen anderen Lichtreizwirkungen die entscheidende Strahlungsabsorption vollzieht.

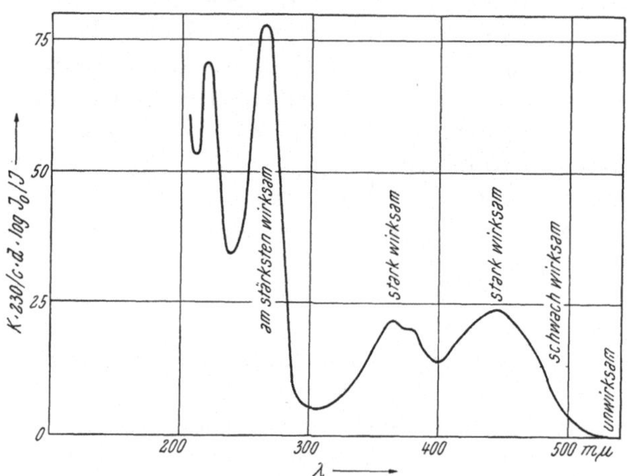

Abb. 19. Absorptionskurve von Riboflavin in Beziehung zur Wirkungsweise einzelner Spektralbereiche bei der Induktion der Polarität von *Fucus*.

Hierzu scheinen die Angaben Haupts (1957) für *Equisetum* im Widerspruch zu stehen. Die maximale Wirkung kommt zwar auch hier dem Bereich um 450 mµ zu; aber nach kürzeren Wellenlängen zu (geprüft bis zu etwa 300 mµ im Ultraviolett) nimmt die Wirksamkeit immer mehr ab. Jedoch ist dabei zu beachten, daß in der *Equisetum*-Spore viel Material enthalten ist, das ebenfalls sehr stark Strahlung absorbiert, die damit dann natürlich für die Induktion entwertet ist.

Sehr beachtenswert ist die Entdeckung Jaffes (1956), daß bei der Polaritätsinduktion mit polarisiertem Licht (*Fucus*-Eier) die Schwingungsebene des Lichts die Keimungsrichtung beeinflußt.

Schon durch die beschriebenen Tatsachen wird es unwahrscheinlich, daß der Zellkern entscheidend bei der Polaritätsinduktion durch Licht beteiligt ist. Aber die von Stahl vertretene Auffassung, nach der das Licht direkt auf den Kern, d. h. vor allem auf dessen Teilungsrichtung wirken sollte, ist ohnehin schon seit den Untersuchungen von Nienburg überholt. Nach diesen Untersuchungen geht nämlich der Kernverlagerung eine Ansammlung der Plastiden an der Lichtseite voraus. Der Kern wird also erst sekundär in seiner Lage und Teilungsrichtung beeinflußt. Aber auch die Plastidenverlagerung ist offenbar ein sekundärer Vorgang. Das Primäre dürfte, wie auch schon Winkler, Küster und Nienburg vermutet haben, eine Beeinflussung des Cytoplasmas sein. Klar bewiesen wird diese Ansicht von Mosebach für *Equisetum*-Sporen. Die größte Empfindlichkeit besteht hier 4 Stunden nach der Aussaat. Von einer Kernteilung ist dann noch ebensowenig zu sehen wie von irgendeiner morphologischen Polarität. Ähnlich sind die Angaben von Winkler für *Fucus* (1900); auch hier ist die Polaritätsachse festgelegt, lange bevor die Kernteilung beginnt. Durch Klinostaten-Versuche konnte Mosebach weiterhin nachweisen, daß die zur Induktion führenden Vorgänge in jeder Hälfte der Spore für sich ablaufen können und sich dabei gegenseitig nicht stören. Sehr wichtig für die Frage nach dem Ort der Lichtreizaufnahme sind Versuche von Mosebach an *Equisetum*-Sporen, bei denen nicht nur die Beleuchtung des Kerns, sondern auch die der Plastiden vermieden wurde. Erreicht wurde das durch Zentrifugierung. Die Verlagerung der Plastiden durch Zentrifugierung hat keinen Einfluß auf die Lage des Wurzelpols. Die normalerweise zu beobachtende Plastidenanhäufung ist also in diesem Falle erst eine Folge der Polarität. Die angewandten Fliehkräfte wirken selber auch polaritätsinduzierend, aber durch Licht wird dieser Effekt überkompensiert. Also auch hier sehen wir, nebenher vermerkt, wieder, daß die Polaritätsinduktion zunächst nur labil ist. Die Untersuchungen Mosebachs zeigten nun, daß die alleinige Beleuchtung des Cytoplasmas zur Polaritätsinduktion genügt. Dabei tauchte natürlich weiter die Frage auf, ob die Lichtempfindlichkeit im gesamten Cytoplasma oder nur in einzelnen seiner Schichten besteht. Schon Noll (1887, 1892) hatte für Siphoneen, speziell für *Bryopsis* und *Caulerpa*, vermutet, daß für die Polarität nur die hyalinen Hautschichten des Cytoplasmas maßgeblich sind. Diese Vermutung lag ja nahe, weil sie zur Erklärung der Stabilität der Polarität fast unausweichlich ist. Mosebach konnte nun an den *Equisetum*-Sporen nachweisen, daß tatsächlich die Reizung der peripheren Plasmaschichten durch Licht zur Polaritätsinduktion genügt.

Wollen wir auf Grund dieser Ergebnisse einen Ausgangspunkt für eine Theorie der Polaritätsinduktion gewinnen, so könnte diese etwa in folgender Vermutung bestehen: Durch Strahlungsabsorption im Riboflavin wird in den peripheren Schichten des Protoplasten eine Reaktion eingeleitet. Diese Reaktion könnte wohl nur eine photochemische sein. Durch sie wird ein stofflicher Gradient bedingt. Solange nur dieser stoffliche Gradient besteht, ist die Polarität labil; sie ist noch allein eine Gefällepolarität. Durch dieses stoffliche Gefälle wird schließlich im Stabilisierungsprozeß eine strukturelle Asymmetrie bedingt. Fragt man nach der Natur der stofflichen Veränderung, so wird man in erster Linie an eine Beeinflussung des Auxins denken müssen. Bekanntlich wird die Zerstörung von Auxin (Indolylessigsäure) durch Licht von Riboflavin sensibilisiert. Für diese Deutung sprechen immerhin einige Tatsachen. Vor allem kann erwähnt werden, daß auch durch ein experimentell erzeugtes Auxin-Gefälle bei *Fucus* eine stabile Polarität entsteht. Auch die starke Störung der lichtbedingten Polaritätsinduktion durch hohe Auxinkonzentrationen (Haupt 1957) konnte mit dieser Deutung vereinbart werden, jedoch sollte man durch diese Behandlung sogar stärkere Effekte erwarten, als sie tatsächlich gemessen wurden.

Mit dem Stabilisierungsprozeß beschäftigte sich neuerdings Haupt. Er konnte zeigen, daß diese Stabilisierung durch Narkose und durch niedrige

Temperatur verlangsamt wird. Im übrigen zeigte sich eine auffällige Parallelität zwischen der Stabilisierung und dem Abklingen der vorher erwähnten sensiblen Phase. Vielleicht ist also das Abklingen der sensiblen Phase bei nicht lichtinduzierten Zellen nichts anderes als die Stabilisierung der vorher vorhandenen labilen Polarität. (Wir sehen ja, daß eine solche sehr wohl bestehen kann, und sie ausschlaggebend wird, wenn der Induktor Licht fehlt.)

Anschließend sei hier noch auf die Induktion der Dorsiventralität durch Licht eingegangen. Einige der dabei gewonnenen Ergebnisse können für unsere Betrachtungen noch nützlich sein. Das Licht ist bekanntlich der entscheidende Faktor bei der Induktion der Dorsiventralität mancher Pflanzen bzw. Pflanzenteile. Es kann hier verwiesen werden auf den dorsiventralen Bau und die Dorsiventralität im physiologischen Verhalten mancher Laubblätter. Lichtbedingt ist z. B. die Dorsiventralität der „unifazialen" (bzw. der blattähnlichen Zweigsysteme) von *Podocarpus imbricata, Thujopsis dolabrata, Thuja orientalis, Th. japonica, Chamaecyperis obtusa* (Imamura, Fitting, Frank).

In allen diesen Fällen ist die Dorsiventralitätsinduktion labil. Der Neuzuwachs zeigt nach entsprechender Änderung der Beleuchtungsbedingungen sofort die Umstimmung. Dasselbe gilt für die Cladodien von *Phyllocactus grandis.* Auch der dorsiventrale Bau mancher Orchideenluftwurzeln (z. B. *Taeniophyllum, Phalaenopsis*) ist lichtbedingt und wiederum labil. Wenn bei den genannten Organen höherer Pflanzen allseitig gleichartige Beleuchtungsbedingungen herrschen, entwickeln sich die Organe radiär.

Labil ist auch die Induktion der Dorsiventralität bei Farnprothallien durch Licht. Schon Leitgebs Untersuchungen hatten die leichte Umkehrbarkeit dieser Dorsiventralität gezeigt. Bei einer Kultur in schwachem Licht können sich an *Polypodium vulgare* auf beiden Seiten Archegonien bilden (Prantl). Wenn man Prothallien, die schon den dorsiventralen Bau zeigen, also auf der Unterseite Rhizoiden bilden und weiterhin dort Archegonien und Antheridien anlegen werden, von unten her beleuchtet (etwa während die Prothallien auf Wasser schwimmen), so entstehen die genannten Organe auf der jetzt dunkleren Oberseite (vgl. hierzu auch Bussmann).

Während in diesen Beispielen die photogene Dorsiventralität labil ist, gibt es andere Fälle, in denen sie früher oder später stabil wird. Die am besten bekannten Beispiele hierzu liefern niedere Pflanzen, vor allem Moose. Erwähnt sei etwa die Dorsiventralität des Kapselbaues von *Buxbaumia aphylla* (Holdheide). Das Licht wirkt nur in jungen Entwicklungsstadien der Kapsel und die Kapseldorsiventralität ist schon stabil geworden, wenn die Kapsel noch radiär aussieht und nicht dicker ist als die Seta. Immerhin aber ist die Umstimmbarkeit durch anders gerichtetes Licht länger nachweisbar als bei den vorher besprochenen Beispielen der Induktion der Vertizibasilität.

Stabil wird auch die neuerdings vor allem von Fitting untersuchte photogene Dorsiventralität der Brutkörperkeimlinge von Marchantieen. Bekanntlich wird die belichtete Seite zur Oberseite (Pfeffer 1871, Zimmermann 1882). Das Licht ist hier bei der Dorsiventralitätsinduktion der dominierende Faktor. FITTING untersuchte sehr ausführlich die Abhängigkeit dieser Induktion von vielen Bedingungen („Stimmungsfaktoren", „Phototonus", „Thermotonus"). Eine genauere Beschreibung der Ergebnisse kann uns bei unserer Betrachtung nicht viel weiterführen. Bemerkenswert ist aber, daß die vom Licht induzierte Dorsiventralität mehrere Stunden oder gar mehr als einen Tag labil sein kann. Das hängt sehr stark von den übrigen Bedingungen, namentlich von der „Lichtstimmung", ab. Bei fortgesetzter Lichtdarbietung erfolgt die Stabilisierung schneller.

Aus den großen Verschiedenheiten in der Stabilität der photogenen Dorsiventralität dürfen wir nicht schließen, daß es sich von Fall zu Fall um ganz verschiedenartige Phänomene handelt.

Nach den Untersuchungen von FITTING an den blattähnlichen Seitenzweigen der Cupressaceen ist jedenfalls bei diesem Objekt für die Induk-

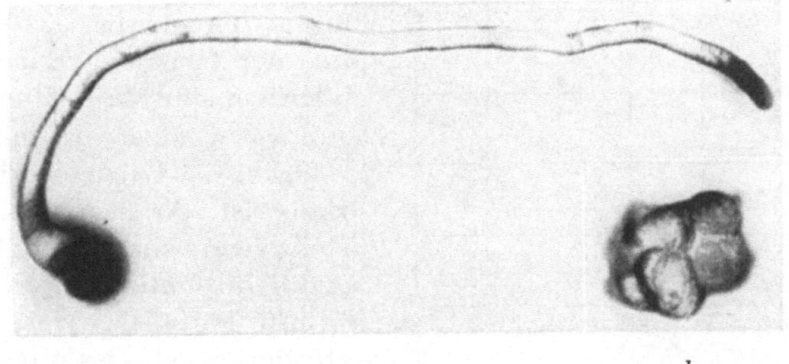

a   b

Abb. 20. *Dryopteris filix-mas.* Protonema nach sechstägiger Kultur unter (*a*) Schottfilter RG 9 (langwelliges Rot) bzw. (*b*) BG 7 (Blau). Intensität in beiden Fällen 60.000 erg/cm²/sec. (Nach MOHR.)

tion nicht etwa eine bestimmte Lichtintensität auf der einen bzw. anderen Seite erforderlich. D. h. es ist nicht etwa für die Bildung der Dorsalseite hohe, für die Entstehung der Ventralseite geringe Lichtintensität notwendig. Bei allseitig gleicher Beleuchtung werden nämlich beide Blattseiten zu Ventralseiten. Es kommt also auf die Beleuchtungsdifferenz beider Seiten an. Diese Beleuchtungsdifferenz kann offenbar stoffliche Gradienten hervorrufen, in denen wir die primäre Wirkung des induzierenden Faktors sehen dürfen. Und diese primäre Wirkung könnte in allen Fällen die gleiche sein. Zu prüfen wäre, ob die experimentellen Befunde mit der Annahme übereinstimmen, daß es sich auch hierbei wieder (ähnlich wie bei der Induktion der Vertizibasilität) um Wuchsstoff handelt.

Die Verschiedenheit labiler und stabiler Dorsiventralitätsinduktion zeigt sich erst darin, ob die Protoplasten auf diese stofflichen Gradienten noch zu reagieren vermögen oder bereits zu „ausgewachsen" sind, wenn das induzierende Licht einwirkt. Bei den genannten höheren Pflanzen scheint letzteres zuzutreffen. Die Moose aber sind länger plastisch, so daß noch die Induktion einer Strukturpolarität im Protoplasma möglich ist.

Untersuchungen über die Aktionsspektren fehlen, es kann also nicht entschieden werden, ob der Induktionsmechanismus wirklich der gleiche ist wie bei der Vertizibasilität.

Wie vorsichtig man sein muß beim Versuch, eine einheitliche Theorie zu entwerfen, zeigen die Untersuchungen von Mohr an Farnprothallien, die sich wiederum mit der Vertizibasilität beschäftigen, aber hier erst zum Schluß behandelt werden, weil durch sie einige neue Gesichtspunkte aufgetaucht sind. Mohrs Untersuchungen beziehen sich auf die fadenförmigen Vorkeimstadien („Protonemen") von *Dryopteris filix-mas*. Untersucht wurde nicht die Induktion der Polarität ungekeimter Sporen, sondern die Beeinflußbarkeit der Polarität schon gekeimter. Ein Ausdruck der Polarität

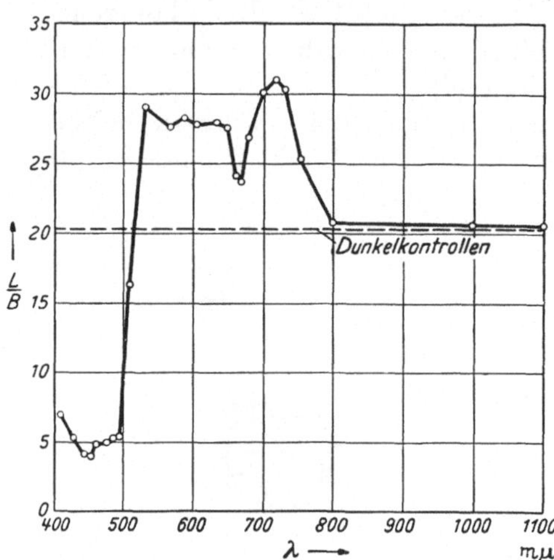

Abb. 21. *Dryopteris filix-mas*. Verhältnis der mittleren Länge zur mittleren Breite der Chloronemen in Abhängigkeit von der Wellenlänge des Lichts nach 6 Tage langer Kultur bei einer Intensität von 200 erg/cm²/sec.
(Nach Mohr.)

ist hier, wie in so vielen anderen Fällen, die Verlagerung der Plastiden zu einem Pol. Ein weiteres Maß ist das Verhältnis von Länge zu Durchmesser des Fadens. Letzteres erscheint zunächst gewagt. Aber dieses Verhältnis entspricht tatsächlich dem Maß der Plastidenverlagerung. Und außerdem sind die Teilungen der Zellen um so weniger vom inäqualen Typ, je stärker das Längenwachstum unterdrückt ist. Nach diesen Maßen beurteilt zeigte sich nun, daß die Polarität durch Blaulicht unterdrückt, durch Rotlicht (verglichen mit Dunkelheit) gefördert wird. Das gilt aber nur für Chloronemen. Für Rhizoide scheint genau das Gegenteil zuzutreffen. Im Blaulicht wird deren Wachstum gefördert, im langwelligen Rot aber so stark unterdrückt, daß sie überhaupt nicht wachsen. Die Polarität der Chloronemen kann im Blau so stark unterdrückt werden, daß sich apolare Zellhaufen entwickeln (Abb. 20, 21). Es ist nicht leicht, diese Ergebnisse mit denen über die Wirkung von Blaulicht auf die Polaritätsinduktion bei *Fucus*-Eiern und *Equisetum*-Sporen zu vergleichen. Vielleicht handelt es sich doch um zwei verschiedenartige Prozesse. Einmal muß für die Farnprothallien noch offenbleiben, ob die Beeinflussung einer inhärenten Polarität, also einer Strukturpolarität vorliegt, oder nur die Beeinflussung einer Gefällepolarität. Die Befunde sprechen für die letztere Möglichkeit. Das ließe sich auch mit der schon erwähnten Tatsache der hohen Labilität der Dorsiventralitätsinduktion bei Farnprothallien durch Licht vereinbaren (obwohl die Labilität der Vertizibasilität natürlich nicht notwendig mit einer Labilität der Dorsiventralität verknüpft sein muß).

Diese Schlußfolgerung, daß nur eine Gefällepolarität vorliegt, zieht auch Mohr. Die Labilität wird vor allem noch dadurch demonstriert, daß bei einem Wechsel der Beleuchtungsbedingungen sehr schnell auch ein Wechsel der aus der Wuchsform erschließbaren Polarität auftritt. Die Gefällepolarität könnte grundsätzlich gleicher Art sein wie die, die wir als vermittelndes Glied bei der Induktion der stabilen Polarität durch Licht an-

genommen haben, also in Wuchsstoffgradienten bestehen. Die Blaulicht-
wirkung würde man wieder auf Wuchsstoffinaktivierung mit Hilfe des
Sensibilisators Riboflavin zurückzuführen versuchen. Diese Inaktivierung
bedingt dann eine Hemmung des Längenwachstums der Chloronemen und
eine Förderung des Längenwachstums der Rhizoiden. Das ist nicht so
unwahrscheinlich, weil ja auch bei höheren Pflanzen Sprosse und Wurzeln
auf gleichsinnige Änderung der Wuchsstoffkonzentration, bekanntlich wegen
einer unterschiedlichen Lage ihres Optimismus, antagonistisch
reagieren. Die gegensätzliche Rotlichtwirkung könnte durch
Förderung der Wuchsstoffbildung bedingt sein.

d) Induktion und Beeinflussung der Polarität durch Schwerkraft und Zentrifugierung

Daß die Polarität durch Schwerkraft oder Zentrifugierung
induziert werden kann, wurde schon angedeutet. Sehr oft hat
man auch versucht, die Polarität sekundär durch solche Kräfte
umzukehren. (Vgl. etwa die Angaben von BOROWIKOW und
von CZAJA für *Cladophora* (Abb. 22). Vielfach ging man bei
derartigen Untersuchungen von der Überlegung aus, daß die
Polarität ja auf stofflichen Gradienten beruht und diese
Gradienten sich durch derartige Kräfte modifizieren lassen
müßten. Diese Überlegung gilt aber natürlich nur für eine
reine Gefälle-Polarität. Auch wo die Polarität wirklich eine
inhärente Strukturpolarität ist, lassen sich polare morphologische Leistungen oft durch Zentrifugierung umkehren.
Das ist ohne Umkehr der polaren Plasmastruktur möglich,
indem die Zentrifugalkraft einfach die Gefälle stört, welche
für die polar-morphogenetischen Leistungen verantwortlich
sind und normalerweise durch die polare Plasmastruktur
bedingt werden. Die Beobachtung der Entwicklungsleistungen
nach solcher Zentrifugierung spricht deutlich dafür, daß nur
eine solche Überkompensation des durch die Polarität bedingten, nicht eine Aufhebung der inhärenten Polarität vorliegt. SCHECHTER (1934, 1935) arbeitete mit *Griffithsia bornetiana*. Nach Zentrifugierung ist eine Verlagerung des Zellinhalts

Abb. 22. Die in
bestimmter Wei-
se zentrifugierte
und operativ iso-
lierte Zelle aus
einem Faden von
*Cladophora glo-
merata* bildet ein
apikales Rhizoid
und einen basa-
len „Sproß".
(Nach CZAJA.)

sichtbar. Der zum basalen Zellteil verlagerte Zellinhalt ermöglicht, daß an
diesem Ende jetzt photosynthetisch aktive Fäden gebildet werden. Es treten
dort also Leistungen auf, die sonst für den „Sproß"-Pol charakteristisch
sind. Aber schon das morphologische Bild dieser Fäden zeigt, daß keine
wirkliche Umkehr der Polarität erfolgt ist; die Fäden sind nämlich kürzer
als die normalen des „Sproß"-Pols. Außerdem entwickeln sich am apikalen
Pol ebenfalls weiterhin noch solche Fäden. Noch deutlicher zeigen die schon
erwähnten Beobachtungen von MÜLLER-STOLL an *Enteromorpha*, daß die
alte Polarität nach der Zentrifugierung unverändert beibehalten bleibt:
Die Chromatophoren können umgelagert werden; bleiben die Zellen dann
weiterhin unbeeinflußt, so wandern die Chromatophoren vermöge der

Strukturpolarität in die alte Lage zurück, und nur durch wiederholte Zentrifugierung ist es möglich, sie so lange in der erzwungenen Lage zu halten, daß auch die morphogenetischen Leistungen, speziell die Rhizoidbildung, polar geändert werden.

Ähnlich steht es mit den Versuchen, die für polare morphogenetische Leistungen in Epidermiszellen verantwortlichen Gradienten durch Zentrifugalkräfte umzukehren. Solche Gradienten sind, wie wir später noch sehen werden, für die Inäqualität der Teilungen und damit z. B. für die Bildung der Spaltöffnungsmutterzellen verantwortlich. Miehe hatte angegeben, daß sich die polaren Leistungen durch Zentrifugierung umkehren lassen. Prüft man die Verhältnisse genauer, so findet man, daß auch hier nicht eigentlich die Polarität umgekehrt worden ist. Bünning und Biegert konnten bei *Allium cepa* nach 3 Stunden langem Zentrifugieren bei 2700 Umdrehungen je Minute (Radius 7,5 cm) eine Verlagerung der Hauptmasse des Zellinhalts vom apikalen zum basalen Pol erreichen (Abb. 23). Tatsächlich wurde dadurch auch erzielt, daß bei der nächsten Zellteilung nicht mehr wie normalerweise zum apikalen, sondern zum basalen Pol eine kleinere Zelle vom Typ einer Spaltöffnungsmutterzelle abgetrennt wurde. Aber es kam nicht zu einer Umkehr der morphogenetischen Leistungen, weil nämlich nach dem Aufhören der Zentrifugierung die basale Zelle sich zu strecken begann. Die strukturelle Polarität ist also offenbar erhalten geblieben und kann nach

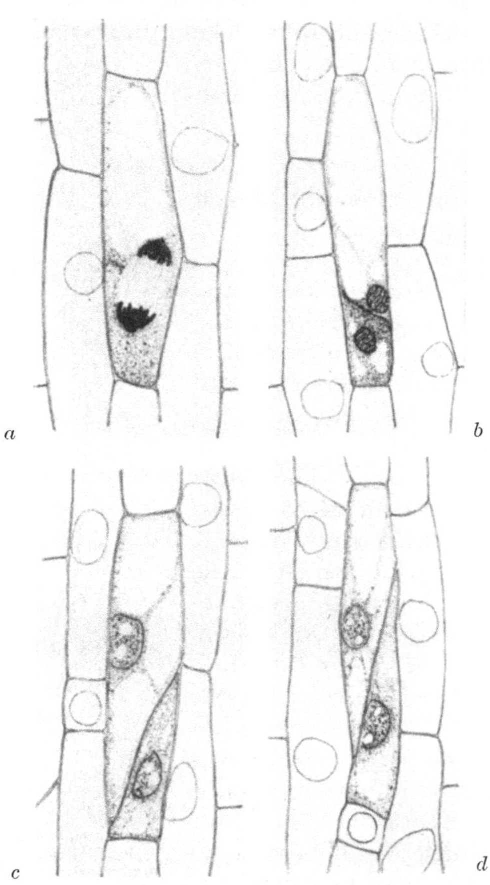

Abb. 23. *Allium cepa*. Scheinbare Bildung einer Spaltöffnungsmutterzelle am basalen Zellpol infolge Zentrifugierung. *a* Verlagerung der Kernspindel durch die Zentrifugierung; *b* Zellwandbildung im basalen Zellteil nach dreistündiger Einwirkung der Zentrifugalkraft; *c* und *d* Auswachsen der basalwärts abgetrennten Zelle, dargestellt 12 (*c*) bzw. 24 (*d*) Std. nach Beendigung des Zentrifugierens.
(Nach Bünning und Biegert.)

Beendigung der Zentrifugierung die von dieser bedingte Veränderung reversibel machen.

Wenngleich die Polarität also nicht einfach durch Gravitation oder Zentrifugierung modifiziert werden kann, ist es doch, wie wir schon mehrfach erwähnten, sehr wohl möglich, in noch nicht polarisierten Zellen durch solche Faktoren die Polaritätsachse festzulegen. Bei *Fucus* bedingt Zentrifugierung eine deutliche Verlagerung von Inhaltsbestandteilen (Whitaker).

Diese ist aber nicht notwendig mit der Polarisation korreliert. D. h. die verlagerten Teile sind nicht eigentlich für die Induktion der Polarität verantwortlich, sondern ebenso wie diese eine selbständige Folge der Zentrifugierung. Deutlich wird das, wenn wir sehen, daß einerseits unter bestimmten Bedingungen (sogar bei Anwendung der Ultrazentrifuge) zwar die Stratifikation, nicht aber die Polaritätsinduktion erfolgt (BEAMS), andererseits je nach den Bedingungen die Rhizoidbildung entweder am zentrifugalen oder am zentripetalen Eiteil eintreten kann. WHITAKTER fand zentrifugale Rhizoidbildung bei pH-Werten von ungefähr 8, zentripetale bei pH-Werten von ungefähr 6 oder unter 6; bei pH $= 6{,}3$ bestand keine Beziehung zwischen der Angriffsrichtung der Zentrifugalkraft und dem Ort der Rhizoidbildung. Eine Polaritätsinduktion durch die Zentrifugierung fanden auch LOWRANCE und WHITAKTER (für *Pelvetia*) sowie SCHECHTER (für *Griffithsia*).

Diesen Effekt können wir grundsätzlich so verstehen, daß durch die Gravitation oder Zentrifugalkraft ein stoffliches Gefälle bedingt wird und dieses seinerseits die strukturelle Asymmetrie des Protoplasten hervorruft. Der Wirkungsmechanismus wäre also ähnlich wie der des Lichts. Es ist ja namentlich aus den zahlreichen Untersuchungen über den Geotropismus bekannt, daß die Schwerkraft stoffliche Gradienten vielerlei Art verursachen kann. Es sei nur darauf hingewiesen, daß durch Schwerereizung Wuchsstoffgradienten und Gradienten der Acidität entstehen. Solche Gradienten können schon nach dem, was wir über den Gruppeneffekt sagten, sehr wohl zu jener Wirkung auf das Protoplasma ausreichen. Sehr häufig werden die Gradienten bei der normalen Entwicklung in den Organen durch die Schwerkraft erst hervorgerufen, wenn das Protoplasma seine Polarität bereits festgelegt oder es doch aus anderen Gründen nicht mehr sensibel ist. Daher ist die Polarisierung durch das Schwerefeld meist nur labil. Das gilt besonders auch für die durch Schwerkraft induzierte Dorsiventralität. Genauer geprüft worden ist diese Labilität bei der Dorsiventralitätsinduktion von *Marchantia*, wo FITTING bei seinen schon erwähnten umfangreichen Untersuchungen fand, daß die Induktion im Gegensatz zur photogenen wochenlang labil bleiben kann. Die Stabilisierung hängt hier von vielen äußeren Faktoren, z. B. auch von der Lichtstimmung ab. IMAMURA bezeichnet als geogene und labil bleibende Dorsiventralität die des unifazialen Blattes von *Iris japonica* und *I. formosana*, als stabile geogene Dorsiventralität die der ebenfalls unifazialen Blätter von *Iris uniflora* und *I. rossii*.

Bei *Iris japonica* (vgl. auch WEBER 1940) äußert sich dieser Einfluß der Schwerkraft z. B. darin, daß sich junge Epidermiszellen, die schon den Charakter von Spaltöffnungsmutterzellen haben, je nach der Orientierung des Blattes im Schwerefeld entweder zu „Kurzzellen" oder zu Schließzellen entwickeln (auf der unteren Seite entwickeln sich Schließzellen). Bei wiederholter Umkehrung des Blattes bilden sich nur Kurzzellen.

Wenn die Dorsiventralität so labil ist wie in solchen Fällen, erhebt sich die Frage, ob überhaupt eine strukturelle Asymmetrie der Protoplasten vorliegt oder nicht vielmehr nur eine Gefällepolarität und die durch sie verursachte morphologische Dorsiventralität. Eine Gefällepolarität wird durch das Schwerefeld der Erde sehr schnell geschaffen. Wir brauchen nur zu erinnern an die Ionenwanderungen, die im geo-elektrischen Effekt zum Ausdruck kommen. Ebenso könnte der größere Wuchsstoffreichtum der Unterseite wichtig sein. Auch pH-Differenzen, Unterschiede der Atmung usw. werden durch das Schwerefeld auf der Ober- und Unterseite eines Organes regelmäßig hervorgerufen. Wir brauchen hier nicht zu prüfen, wieweit diese Veränderungen unmittelbar durch die Schwerkraft bedingt sind und wieweit sie nur durch Vermittlung geisch induzierter physiologischer Prozesse möglich werden. Auf jeden Fall sind solche Verschiedenheiten geeignet, die morphogenetischen Prozesse, also die Determination, in verschiedene Richtungen zu drängen. Da sich die Determinationsprozesse durch eine weitgehende Irreversibilität auszeichnen, können die genannten Gradienten nach einiger Zeit beseitigt oder umgekehrt werden, ohne daß sich die Determination noch verändern ließe. Das Vorhandensein einer stabilen protoplasmatischen Asymmetrie ist also in solchen Fällen überhaupt immer fraglich. Es besteht nur eine labile Gefällepolarität und die Umkehrbarkeit der morphogenetischen Prozesse hängt allein davon ab, ob im Zeitpunkt der Herstellung bzw. Änderung der geisch bedingten Gefällepolarität die Determination schon vollzogen war oder noch nicht.

Auf die zahlreichen Einzelangaben über Polaritätsinduktion und -beeinflussung durch die Schwerkraft brauchen wir hier nicht einzugehen, da sie uns bei der Ermittlung der protoplasmatischen Natur der Polarität nicht weiterführen können. Es sei nur auf die Arbeiten von Fitting, Borowikow, Czaja, Zimmermann sowie auf die Literaturhinweise in diesen Veröffentlichungen und vor allem bei Bloch verwiesen.

Als allgemeine Schlußfolgerung können wir festhalten, daß der Induktion der Polarität durch die Gravitation oder die Zentrifugalkraft anscheinend ein ähnlicher Mechanismus zugrunde liegt wie der Induktion durch Licht oder beim Gruppeneffekt. Primär wird ein chemisches Gefälle geschaffen und dieser Gradient bedingt in einigen Fällen schnell, in anderen langsam, gelegentlich auch gar nicht, die Entstehung der asymmetrischen Protoplasmastruktur. Manches spricht für die Hypothese, daß dieser primäre Gradient ein Wuchsstoffgradient ist.

e) Sonstige induzierende Faktoren

Mehrere Arbeiten beschäftigen sich mit der Induktion oder Beeinflussung der Polarität durch elektrische Potentiale. Es kann etwa auf die Untersuchungen von Lund (1923, 1947) an *Fucus*-Eiern verwiesen werden. Fehlen andere polarisierende Faktoren, so bildet sich das Rhizoid im elektrischen Feld an der Seite des Pluspols, also dort, wo sich negative Ionen wie etwa Auxin akkumulieren können. Auch die Untersuchungen von Schechter (1934) an *Griffithsia* können erwähnt werden. Hier entstehen die Rhizoiden ebenfalls am Pluspol (Abb. 24). Auch auf eine Untersuchung von Tobias und Solomon sei noch hingewiesen.

Wir brauchen diese Fälle nicht weiter zu analysieren, da sie zur Aufklärung der protoplasmatischen Natur der Polarität nicht mehr beitragen können als die in den vorhergehenden Abschnitten besprochenen Ergebnisse. Es ist auch ohne weiteres einleuchtend, daß sich diese Beeinflussung durch elektrische Faktoren auf die gleiche allgemeine Hypothese zurückführen läßt, die wir am Ende des vorhergehenden Abschnittes besprochen haben.

Aus dem gleichen Grund brauchen wir auch nicht näher einzugehen auf die Induzierung der Polarität durch chemische Faktoren. Angedeutet haben wir die Möglichkeit einer solchen Induktion schon bei der Besprechung der Induktion durch Wechselwirkung von Zellen. Kurz hingewiesen sei hier noch auf die Untersuchungen von Fitting an den Brutkörpern von Marchan-

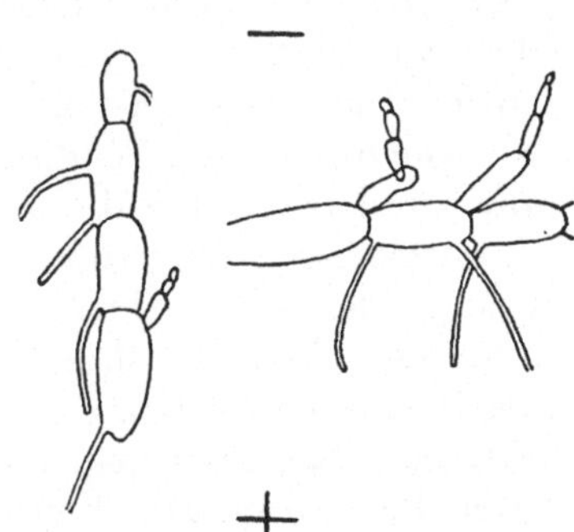

Abb. 24. Einfluß des elektrischen Feldes auf die Rhizoidbildung bei *Griffithsia bornetiana*.
(Nach Schechter.)

tieen, bei denen sich zeigte, daß auch das Substrat einen stark induzierenden Einfluß ausübt. Nähere Analysen über diese Substratwirkung liegen in diesen und in anderen Fällen nicht vor.

4. Aufhebung der Polarität und Verhinderung der Polarisierung

a) Einleitung

Ein weiteres Mittel zur Erkennung der polaren Plasmastruktur sind Untersuchungen über Faktoren, die die Polarisierung verhindern, oder, sofern sie schon erfolgt war, wieder völlig beseitigen. Solche Wirkungen sind natürlich etwas anderes als Änderungen in der Richtung der Polaritätsachse. Wir haben schon gesehen, daß Achsenverlagerungen nicht, oder, wenn überhaupt, nur sehr schwer möglich sind. Wo die Polarität umgekehrt wird, scheint die Voraussetzung vielmehr immer zu sein, daß sich diese Polarität entweder noch im Stadium der Labilität befindet oder sie vor der Umkehr ganz aufgehoben wird.

Eine Änderung der Polarität auf dem Wege einer vorübergehenden Aufhebung kommt bei pathologischen Entwicklungsleistungen gar nicht selten vor. Vor allem kann hier auf viele Regenerationsleistungen verwiesen werden. Es scheint, daß hierbei zumindest sehr häufig einer der ersten Entwicklungsschritte die Aufhebung und anschließende Neudeterminierung der Polaritätsachse ist. Aber diese Fälle sollen uns hier nicht weiter beschäftigen, weil sie vorerst für das protoplasmatische Polaritätsproblem nicht weiter auswertbar sind. Wichtiger sind für uns Beobachtungen über die Aufhebung der Polarität durch äußere Faktoren.

Bei der Suche nach solchen Faktoren wird man zwei Möglichkeiten berücksichtigen müssen. Wir sahen, daß die stabile Polarität durch eine bestimmt ausgerichtete Protoplasmastruktur erreicht wird. Protoplasmatische Elemente werden ausgerichtet und in dieser Lage fixiert. Außerdem sahen wir, daß alle Faktoren, die diesen Effekt hervorrufen, anscheinend nach dem gleichen Schema wirken: Primär rufen sie ein stoffliches Gefälle, wahrscheinlich einen Wuchsstoffgradienten hervor; und dieses Gefälle wird dann zur Ursache für die protoplasmatische Ausrichtung. Gerade um diese Schlußfolgerung zu prüfen, sind Versuche zur Verhinderung der Polarisierung oder zur nachträglichen Unterdrückung der Polarität notwendig. Wenn es richtig ist, daß das Wesen der Polarität in einer Ausrichtung polar gebauter Elemente besteht, müssen Faktoren, die einer solchen Ausrichtung entgegenwirken, die Polarität unterdrücken. Wir kennen aus anderen Beobachtungen Faktoren, die derartige Effekte hervorrufen. Es braucht nur daran erinnert zu werden, daß auch bei der Mitose eine Ausrichtung protoplasmatischer Elemente stattfindet und wir diese durch bestimmte Chemikalien verhindern können. Wenn es weiterhin richtig ist, daß Wuchsstoffgradienten das vermittelnde Glied bei der Induktion der Polarität sind, so müssen Faktoren, die die Bildung dieser Gradienten unterbinden, die Polarisierung verhindern. Ein solcher Faktor muß vor allem die Überschwemmung mit Wuchsstoff sein.

b) Verhinderung der Polarisierung durch Überschwemmung mit Wuchsstoff

Zunächst können hier die Untersuchungen von Heitz (1940, 1942) an Sporen von *Funaria hygrometrica* erwähnt werden. Durch reichliche Zufuhr von Indolylessigsäure bilden sich Riesenkugeln, deren Volumen in wenigen Tagen das 50fache oder mehr des ursprünglichen Sporenvolumens erreicht (Abb. 25, vgl. auch v. Wettstein). Teilungen treten hierbei nicht auf. Ob es sich bei diesen Erscheinungen um eine Aufhebung der Polarität oder nur um eine Überkompensation des normalerweise durch die Polarität bedingten Wuchsstoffgradienten handelt, läßt sich auf Grund dieser Befunde noch nicht entscheiden.

Ähnlich beurteilt werden kann auch die Notwendigkeit hoher Wuchsstoffkonzentrationen für die Anlage von Gewebekulturen. Während für die Förderung des Streckungswachstums pflanzlicher Zellen normalerweise Konzentrationen um 10^{-9} ausreichen, werden für die Gewinnung von Gewebekulturen Indolylessigsäurekonzentrationen zwischen 10^{-8} und 10^{-7} benutzt. Dieser Faktor könnte wenigstens für die Äqualität der auftretenden Teilungen verantwortlich sein. Sobald in Gewebekulturen Wuchsstoffverarmungen auftreten, pflegen Differenzierungen einzusetzen und damit das ungerichtete Wachstum aufzuhören. Diese Tatsache der Differenzierungsfähigkeit deutet auf eine Erhaltung der Polarität hin. Weiterhin wird diese aber auch durch den polaren Transport von Auxin demonstriert (Gautheret). Bekanntlich bedürfen Gewebekulturen nach mehreren Passagen oft nicht mehr der Zufuhr von Wuchsstoffen. D. h. sie haben den Charakter von Tumoren angenommen und teilen sich nach dieser Gewöhnung („habituation") auch ohne Wuchsstoffüberschwemmung immer unregelmäßig, wachsen also apolar weiter. Man könnte das so deuten, daß die Polarität schließlich verlorengegangen ist. Zunächst wird durch die Überschwemmung mit Wuchsstoff der Einfluß der Polarität auf die Schaffung eines Wuchsstoffgradienten überkompensiert, schließlich wird anscheinend auch die strukturelle Asymmetrie beseitigt und dann ist die weitere Wuchsstoffzufuhr nicht mehr notwendig. Ob diese Deutung richtig ist, müßte experimentell

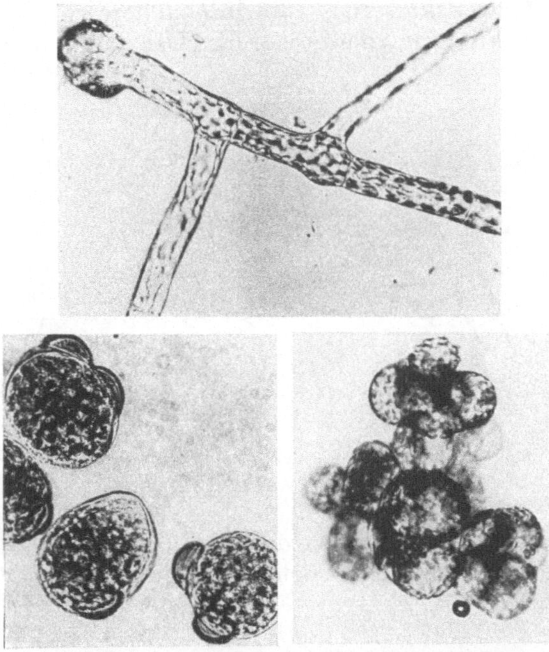

Abb. 25. *Funaria hygrometrica*. Oben normal gekeimte Spore, links unten unter dem Einfluß von Colchicin, rechts unten unter dem Einfluß von Chloralhydrat gekeimt.
(Nach BÜNNING und v. WETTSTEIN.)

geprüft werden. Für sie sprechen die von MOREL gefundenen Eigentümlichkeiten solcher Gewebe bei *Vitis*. Diese Gewebe bestehen aus Zellen, die untereinander alle gleichartig parenchymatisch sind, also ihre Polarität durch Gleichheit aller Tochterzellen beweisen. Außerdem demonstrieren sie ihre Polarität auch noch durch das Fehlen unregelmäßiger Zellformen; die Zellen sind stark abgerundet (Abb. 26). Bei nichthabituierten Gewebekulturen pflegen die Zellen noch durch ihre Form das Vorhandensein unterschiedlicher Achsen zu demonstrieren (Abb. 27).

Auf die zahlreichen Untersuchungen an Gewebekulturen, die in diesem Zusammenhang interessant sind, kann hier nicht eingegangen werden.

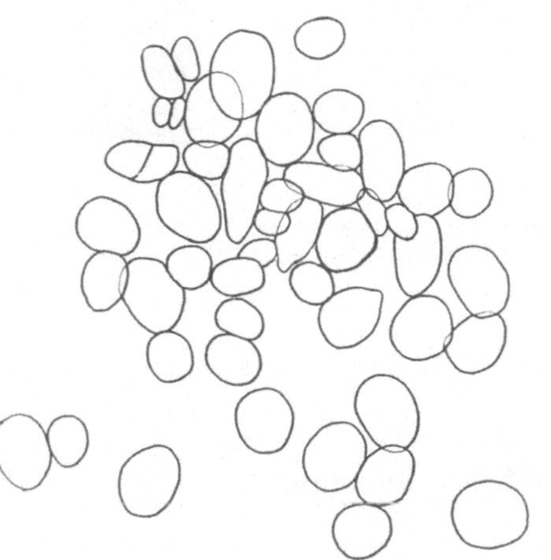

Abb. 26. Zellen von *Vitis vinifera* aus einer Gewebekultur, die bereits „Gewöhnung" an Indolylessigsäure zeigte.
(Nach MOREL.)

Während bei den obengenannten Beobachtungen an Moosen die mit Wuchsstoff überschwemmten Zellen nur noch wachsen, also sich nur in der Gleichheit der Wachstumsintensität nach allen Richtungen die Apolarität äußert, kommt diese bei den

Gewebekulturen natürlich außerdem in der Gleichheit der Teilungsrichtungen zum Ausdruck. Das trifft aber z. B. auch für Vorkeime von Farnen nach den Versuchen von Mohr bei der Überschwemmung mit Wuchsstoffen zu. Die Versuche beziehen sich auf *Dryopteris filixmas.* Die Polaritätsachse ist hier im Augenblick der Einwirkung der Indolylessigsäure bereits festgelegt, da die Sporen schon gekeimt sind. Allerdings ist, wie wir bereits sahen, die Achse in diesem Zeitpunkt noch nicht stabil. Bei der Zugabe von IES mit einer Konzentration der Größenordnung $35—70 . 10^{-6}$ g/ml zeigt sich apolare Entwicklung ohne Unterdrückung

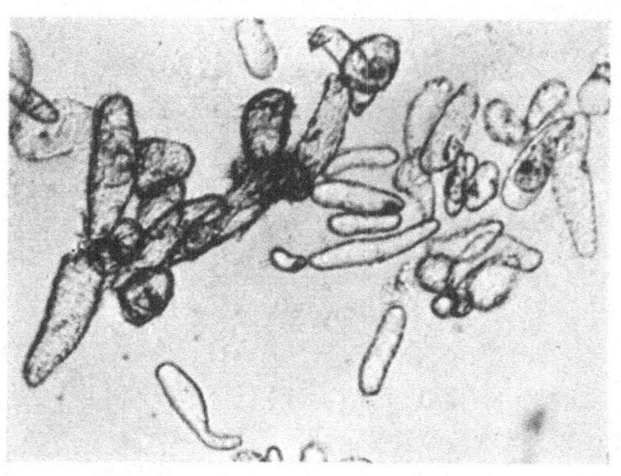

Abb. 27. Zellen aus einer Gewebekultur von *Daucus carota* vor dem Stadium der Gewöhnung.

der Zellteilung, so daß sich ungeordnete Zellhaufen ausbilden (Abb. 28). Erst bei noch höheren Konzentrationen wird die Teilungsfähigkeit

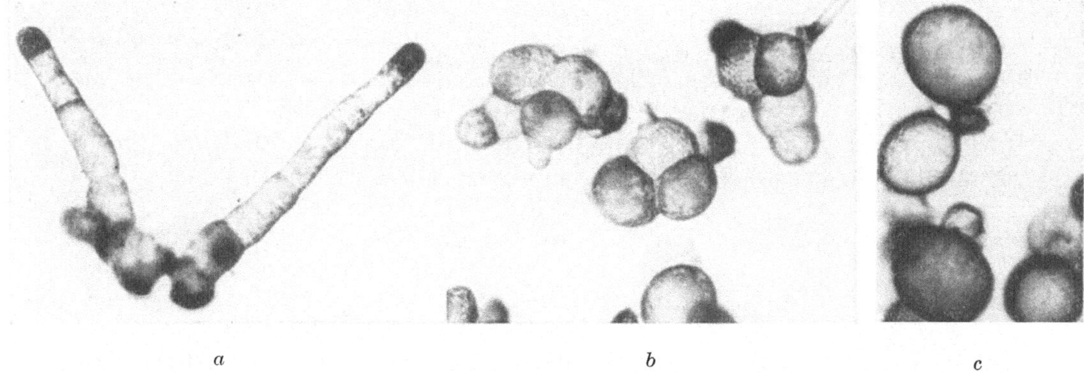

a   b   c

Abb. 28. *Dryopteris filix-mas.* Einfluß von Indolylessigsäure auf das Protonemawachstum. *a* Kontrolle ohne IES, *b* IES-Konzentration $35—70 \times 10^{-6}$ g/ml (6 Tage), *c* IES-Konzentration $1 \times 10^{-4} — 1 \times 10^{-3}$ g/ml (6 Tage).
(Nach Mohr.)

unterdrückt, so daß die apolare Entwicklung zur Entstehung von Riesenkugeln führt.

c) Ähnliche Wirkungen anderer Substanzen

Die genannten Versuche mit Wuchsstoffen passen also gut zu dem Erklärungsschema, nach dem die Polarität normalerweise so induziert wird, daß zuerst durch äußere Faktoren ein Wuchsstoffgefälle geschaffen wird und dieses dann einen Einfluß auf die Plasmastruktur ausübt. Es muß aber darauf hingewiesen werden, daß einige andere Substanzen ganz ähnliche Effekte haben können. Das gilt z. B. nach den Untersuchungen v. Wettsteins an *Funaria hygrometrica* für Vitamin B$_1$ sowie eine Reihe anderer

Substanzen. Döpp erzielte vergleichbare Wirkungen an *Dryopteris* mit Gesarol (DDT-haltigem Pflanzenschutzmittel).

Bei Sproßstücken von *Nicotiana* bedingt Trijodbenzoesäure nach einer Untersuchung von Niedergang-Kamien und Skoog eine Unterdrückung des polaren Auxintransportes, was sich deutlich in dem Auftreten allseitiger Kallusbildung äußert. Die Unterdrückung des polaren Auxintransportes konnte auch quantitativ verfolgt werden. Sie äußert sich ferner in mehreren anderen Erscheinungen, etwa darin, daß bei *Avena*-Koleoptilen, die mit Trijodbenzoesäure behandelt wurden, die durch Auxindarbietung entstehenden Krümmungen auf die oberen 2 mm beschränkt bleiben.

Ob es sich hierbei um einen spezifischen und direkten Einfluß auf den Transport des Auxins handelt, oder ob primär die Polarität des Protoplasten unterdrückt wird und dadurch dann erst sekundär der polare Auxintransport eine Störung erfährt, bleibt zu klären. Jedenfalls kann man, wie sich aus den weiteren Hinweisen in der Untersuchung von Niedergang-Kamien und Skoog ergibt, durch einen solchen Einfluß der Trijodbenzoesäure viele der morphogenetischen Wirkungen dieser Substanz auf Pflanzen erklären (vgl. hierzu die Literaturangaben bei den genannten Autoren).

d) Wirkung von Colchicin, Chloralhydrat, Äthylen und einigen anderen Substanzen

Neben der besprochenen Möglichkeit, die Polarität dadurch zu verhindern, daß mittels Überschwemmung mit Wuchsstoffen die Herstellung eines Wuchsstoffgefälles unterdrückt wird, welches ein wichtiges Glied in der Kette der Vorgänge der Polaritätsinduktion ist, besteht eine andere Möglichkeit: Man kann Chemikalien einwirken lassen, die in der Lage sind, die Orientierung der protoplasmatischen Elemente zu unterdrücken. Bei der Suche nach solchen Substanzen wird man vor allem an Chemikalien denken müssen, die durch ihre Wirkung auf die Spindelbildung bewiesen haben, daß sie die Orientierung protoplasmatischer Elemente verhindern können. Unter diesen Substanzen ist natürlich in erster Linie Colchicin zu berücksichtigen.

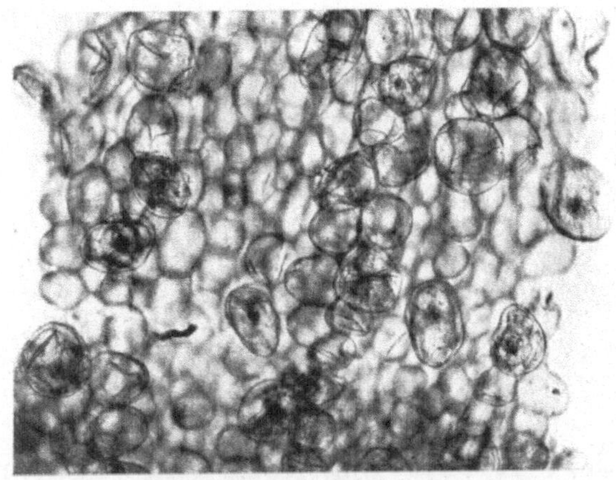

Abb. 29. Flächenschnitt von der Hypokotylepidermis eines mit Colchicin behandelten Keimlings von *Sinapis alba*. Die Epidermiszellen sind isodiametrisch. Die Initialen für Haarzellen und ihre Nachbarzellen sind zu Kugeln ausgewachsen.

Generell kann hier zunächst auf die Bildung von „C-Tumoren" unter

dem Einfluß von Colchicin verwiesen werden (vgl. z. B. Östergren). Durch
Aufhebung der Zellpolarität nach Zerstörung des Spitzenmeristems bedingt
Colchicin an Wurzeln Anschwellungen. Die Zellen wachsen apolar, also

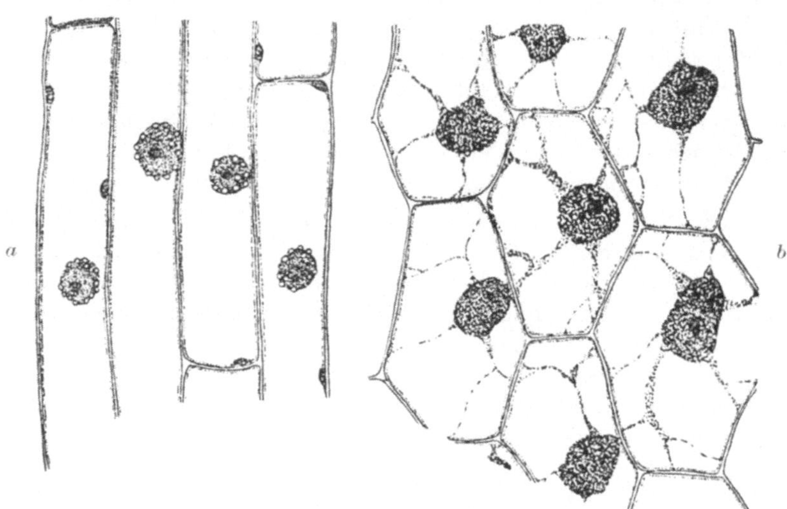

Abb. 30.   *Tradescantia fluminensis.* Flächenbild der Epidermiszellen oberhalb der Stengelknoten. *a* Kontrolle,
langgestreckte Zellen; *b* colchicinierte Pflanze, isodiametrische Zellen.
(Nach Weissenböck.)

nach allen Richtungen. Solche Beobachtungen wurden von mehreren Autoren
gemacht (vgl. z. B. die Hinweise bei Weissenböck, Mairold). Häufig tritt
nach der Colchicinbehandlung gleichzeitig auch die zu erwartende Unterdrückung der Zellteilung auf, so daß sich Riesenkugeln oder undifferenzierte Gewebehaufen aus Riesenkugeln bilden. Im einzelnen brauchen hier die morphologischen Wirkungen des Colchicins nicht besprochen zu werden. Es sei eben nur betont, daß sich viele dieser Wirkungen tatsächlich als Folgen unterdrückter Polarität begreifen lassen. Erwähnt sei dabei vor allem auch noch das Verschwinden der Längenunterschiede in den einzelnen Zellachsen. Das bevorzugte longitudinale Wachstum kann aufhören, so daß die Zellen weitgehend isodiametrisch werden

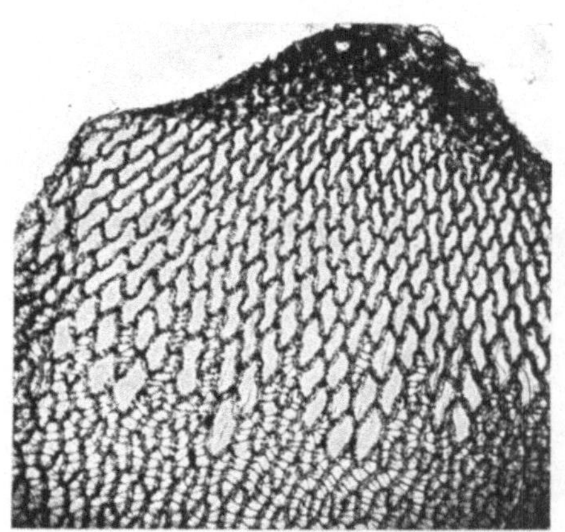

Abb. 31. Teil eines colchicinierten *Sphagnum*-Blattes
mit einer Zone von Hyalinzellen ohne Spangen.
(Nach Bünning, Hunck und Lutz.)

den (Abb. 29, 30, Weissenböck, v. Wettstein). Aus diesen Veränderungen
wiederum werden auch die Formänderungen der behandelten Organe begreiflich.

Neben dieser colchicinbedingten Apolarität der Teilungs- und Wachstumsleistungen verdient auch noch Beachtung, daß durch das Colchicin die Bildung von Gradienten in der Zelle verhindert wird, die für die normale Gewebedifferenzierung notwendig sind. Viele Gewebedifferenzierungen in der Pflanze entstehen ja dadurch, daß die Polarität Gradienten verschiedener Stoffe schafft und diese Gradienten für die Inäqualität der nachfolgenden Zellteilungen verantwortlich sind. Colchicin kann also die Inäqualität der Teilungen unterdrücken. Die Folge davon ist eine weitgehende Unterdrückung der Differenzierung. Sie äußert sich z. B. beim Studium der Spaltöffnungsbildung (WEISSENBÖCK).

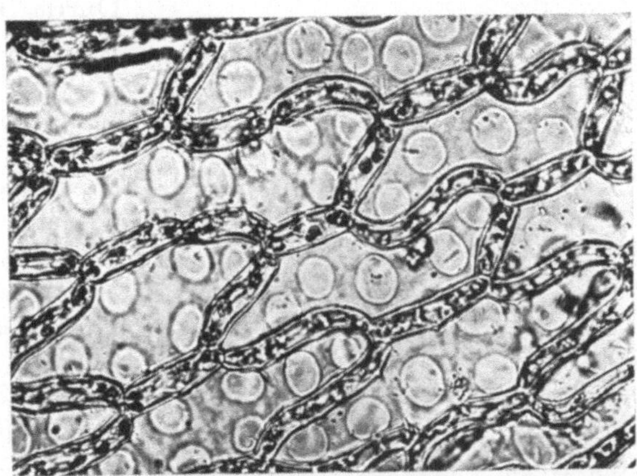

Abb. 32. Spangenlose Hyalinzellen vom Blattrand einer colchicinierten *Sphagnum*-Pflanze.
(Nach BÜNNING, HUNCK und LUTZ.)

Im einzelnen brauchen wir hier auf die zahlreichen Untersuchungen, an denen dieser Effekt demonstriert werden konnte, nicht einzugehen. Es genügt die Behandlung eines besonders klaren Beispiels. Als solches kann die Differenzierung im *Sphagnum*-Blatt gelten. Werden die Vegetationspunkte von *Sphagnum* mit Colchicin behandelt, so können die Folgen der unterdrückten Polarität deutlich beobachtet werden. In einigen Fällen jedenfalls tritt die erwartete Störung der inäqualen Teilungen auf, so daß sich starke Abweichungen vom normalen Muster der Chlorophyll- und Hyalinzellen ergeben. Im Extremfall kann das Blatt ganz überwiegend aus Chlorophyllzellen bestehen, zwischen die nur einzelne Hyalinzellen eingestreut sind. An dem gleichen

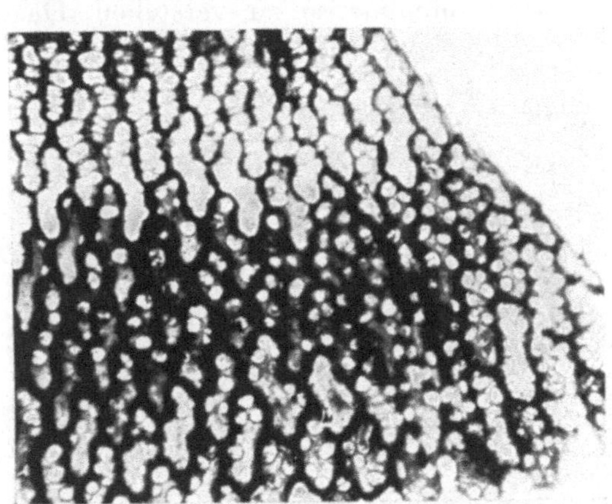

Abb. 33. Teil eines stark mit Hämatoxylin überfärbten *Sphagnum*-Blattes. Die Zellwände des Gewebestreifens ohne Spangen in den Hyalinzellen sind stärker gefärbt.
(Nach BÜNNING, HUNCK und LUTZ.)

Objekt läßt sich auch zeigen, daß intrazelluläre Differenzierungen ebenfalls offensichtlich von der normalen Strukturierung der Plasmaoberfläche abhängen. Es kann nämlich durch die Behandlung mit Colchicin die Ausbildung der bekannten Verdickungsleisten unterdrückt werden; die Auflagerung der neugebildeten Zellulose erfolgt dann ganz ungeordnet, so daß an Stelle der

Verdickungsleisten einfach die ganze Wand gleichmäßig verdickt wird (Abb. 31—35, Bünning, Hunck, Lutz).

Eine hiermit vergleichbare Beeinflussung der intrazellulären Differenzierung fand Boysen Jensen (1955) bei den Trichoblasten von *Lepidium*.

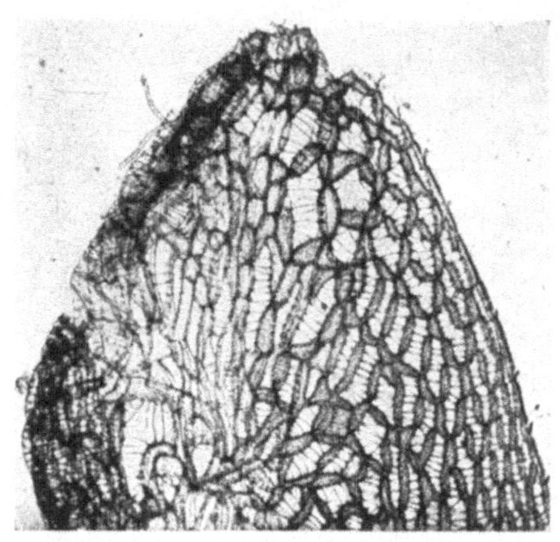

Abb. 34. Störung des Gewebemusters in einem colchicinierten *Sphagnum*-Blatt.
(Nach Bünning, Hunck und Lutz.)

Durch Einwirkung von Colchicin, Rhodanammonium, β-Indolessigsäure, Sublimat und einigen anderen Stoffen ließ sich die normale Bildungsweise der Wurzelhaare stören; es entstanden kuglige Formen, unregelmäßige Verzweigungen, Verdickungen usw.

Chloralhydrat kann ähnliche Wirkungen ausüben wie Colchicin. Das ist nicht auffällig, weil es bekanntlich auch hinsichtlich der Wirkung auf die Spindelbildung ähnliche Effekte ausübt wie dieses. So können durch Behandlung mit Chloralhydrat bei *Funaria hygrometrica* undifferenzierte Gewebehaufen entstehen (v. Wettstein). Bei einem Lebermoos erzielte Meyer solche tumorartigen Gewebe durch Kultur in hypertonischer Nährlösung.

Auch manche Äthylenwirkungen sind offenbar so zu verstehen. Das Äthylen scheint aber, soweit die bisher vorliegenden Beobachtungen ein Urteil erlauben, in erster Linie auf die radiale Polarität zu wirken. Unter dem Einfluß von Äthylen können Organschwellungen entstehen, die Borgström auf einen Quertransport von Wuchsstoff zurückführte. Es ist aber nicht unbedingt nötig, diese Veränderungen durch einen geänderten Hormonstrom zu erklären; vorsichtiger ist es wohl, einfach von einer Störung der zytoplasmatischen Polarität zu sprechen. Diese Störung der Polarität, und zwar vor allem der radialen, kommt etwa in Beobachtungen von Bünning und Ilg zum Ausdruck. Beim Sproß von *Vicia faba* ist dabei namentlich die gelegentliche Ausbildung von zwei Endodermen unter dem

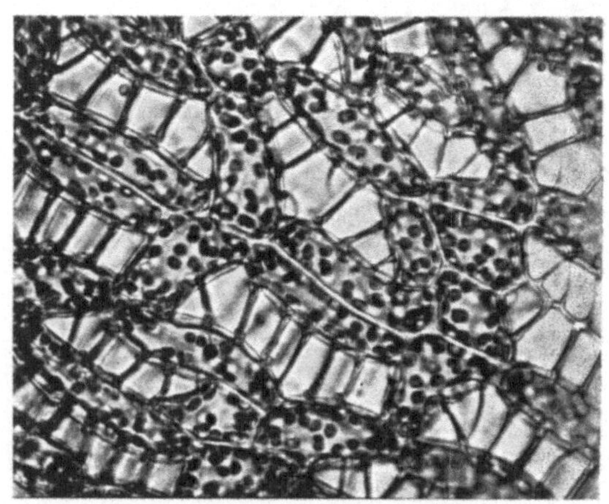

Abb. 35. Anhäufung von Chlorophyllzellen in einem colchicinierten *Sphagnum*-Blatt.
(Nach Bünning, Hunck und Lutz.)

Einfluß des Äthylengases bemerkenswert (Abb. 36 a, b). Die zusätzliche Endodermis liegt zwischen den Gefäßbündeln und dem inneren Teil des

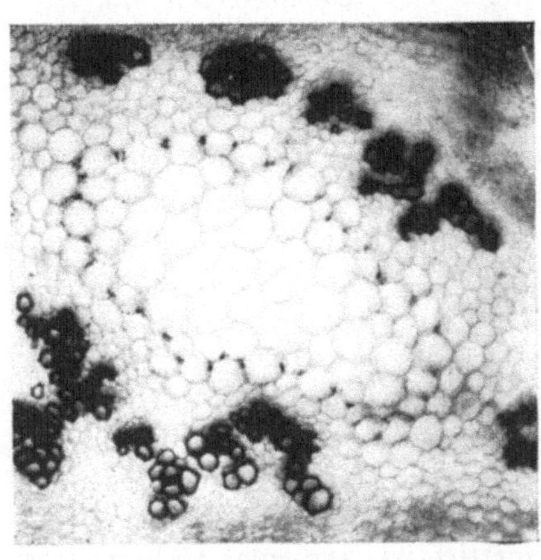

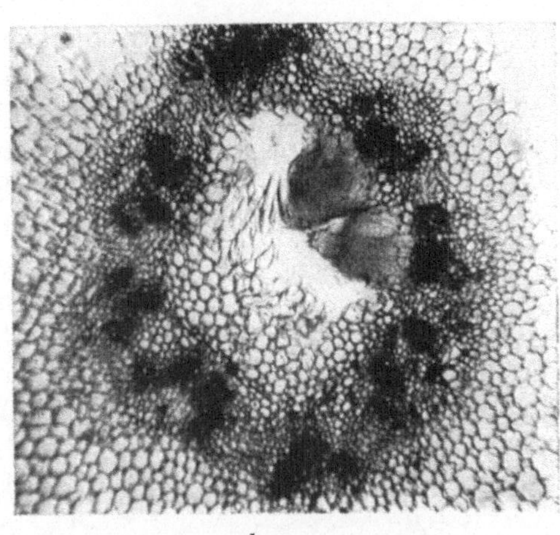

a   b

Abb. 36 a. Partielle Vernichtung der radialen Polarität im Sproß von *Vicia faba* durch Einwirkung von Äthylen. Es bildet sich eine zweite Endodermis innerhalb der Gefäßbündel.
(Nach Bünning und Ilg.)

Abb. 36 b. Gefäßbündelring und Markhöhle aus dem Sproß einer mit Äthylen behandelten *Vicia faba*. Aus der Region zwischen innerer Endodermis (vgl. Abb. 36 a) und Leitgewebe sind zwei Seitenwurzelanlagen in die Markhöhle hineingewachsen.
(Nach Bünning und Ilg.)

Marks. Das nach den Gefäßbündeln zu an diese innere Endodermis anschließende Gewebe kann zudem den Charakter des Perizykels annehmen; es vermag nämlich Seitenwurzeln zu bilden, die dann ins Zentrum hineinwachsen. Daß diesen morphogenetischen Veränderungen eine Störung der Polarität der Einzelzelle zugrunde liegt, zeigt sich auch teilweise in deren Veränderungen. In den Endodermiszellen kann nämlich die normale Ausbildung des *Casparys*chen Streifens an den Radialwänden ausbleiben. Statt dessen zeigt sich dann eine unregelmäßige Kutinisierung an verschiedenen Wandstellen, die sogar über mehrere Zellschichten hinwegreichen kann (Abb. 36 c). Wie immer, ist auch diese Polaritätsunterdrückung mit einer verstärkten Embryonalität verknüpft. Sie äußert sich in dem

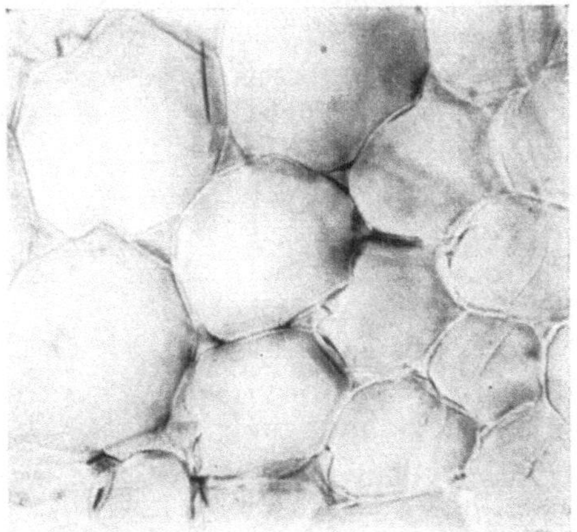

Abb. 36 c. Die partielle Vernichtung der radialen Polarität bei *Vicia faba* (vgl. Abb. 36 a) kommt auch darin zum Ausdruck, daß die Membraneinlagerungen in der Endodermis nicht so streng in den radialen Wänden lokalisiert sind, wie im normalen Casparyschen Streifen.
(Nach Bünning und Ilg.)

häufigen Auftreten von Zellwucherungen, Kallusbildungen und anderen pathologischen Erscheinungen unter dem Einfluß von Äthylen (vgl. z. B. Borgström, Kropfitsch).

Anschließend muß hier auch noch auf die Kugelzellbildung bei sonst fädigen Pilzen hingewiesen werden. Ritter beschrieb die „Kugelhefebildung" von *Mucor*-Arten im Anschluß an ältere Untersuchungen von Klebs (vgl. auch Abb. 37). Er schrieb der Wasserstoffionenkonzentration dabei die entscheidende Rolle zu. Beobachtet hat er die Bildung kugeliger Riesenzellen bei *Mucor*-Arten, *Rhizopus nigricans* und *Aspergillus niger* (hinsichtlich der älteren Literatur vgl. die Angaben bei Ritter). Nach jüngeren Untersuchungen von Yoshimura und Sakamura ist es fraglich, ob wirklich die Wasserstoffionenkonzentration für die Effekte verantwortlich ist. Sakamura rechnete auf Grund seiner Versuche an *Aspergillus oryzae* zunächst auch mit einer entscheidenden Bedeutung der Wasserstoffionenkonzentration. Später aber zeigte sich, daß Verunreinigungen in den benutzten Chemikalien verantwortlich gemacht werden müssen.

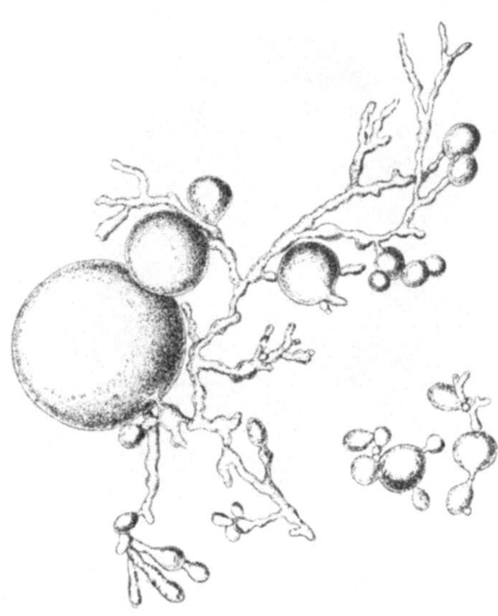

Abb. 37. Oben: *Mucor racemosus*, Zweiwöchige Kultur in 8,8% NaCl. Unten rechts: *Aspergillus niger*, Mycelformen in einer Lösung mit 2% Rohrzucker, 0,5% NH₄Cl und 0,36% Oxalsäure. (Nach Ritter.)

Die hierfür entscheidenden Stoffe wirken in überaus geringen Konzentrationen. Namentlich scheinen Cu- und Zn-Salze, aber auch Cd und Ni beteiligt zu sein. Die Wasserstoffionen sollen über die Beeinflussung der Löslichkeit der Schwermetallsalze wirken. Beim Ausschluß von jenen Salzen kann die Wasserstoffionenkonzentration allein die Kugelzellbildung nicht be-

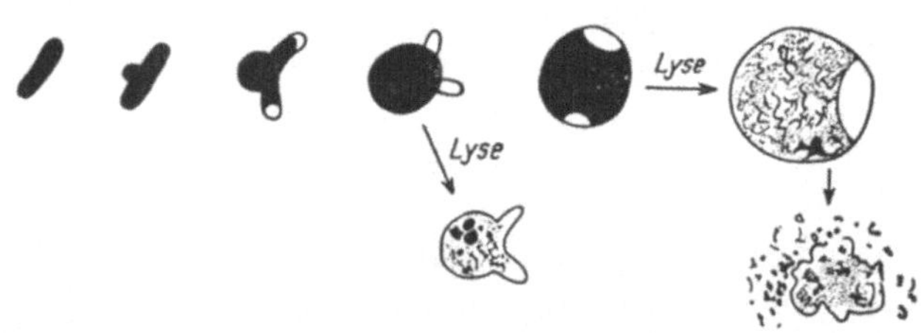

Abb. 38. Schematische Darstellung der Umwandlung von der bazillären zur globulären Form bei *Proteus vulgaris*. (Nach Liebermeister und Kellenberger.)

dingen. Fe und Mn sollen im Gegensatz zu jenen anderen Salzen die Kugelzellbildung sogar unterdrücken. Nur kurz erwähnt sei auch noch die Umwandlung der bazillären zur globulären Form der Bakterien, die namentlich unter dem Einfluß von Penicillin auftreten kann (vgl. hierzu Liebermeister und Kellenberger sowie die bei diesen Autoren zitierte Literatur und Abb. 38).

e) Wirkung von Verwundungen

Wir erwähnten schon, daß bei Regenerationen oft zunächst eine Aufhebung der Polarität zu bemerken ist. Wenigstens in manchen Fällen scheint das eine Wirkung der zur Regeneration führenden Verwundung zu sein. Der Wundreiz kann eine so tiefgreifende Störung des protoplasmatischen Gefüges bedingen, daß auch die polare Struktur verlorengeht. Im einzelnen sind diese Zusammenhänge nicht untersucht worden; aber es verdient doch Beachtung, daß die durch den Wundreiz neu induzierten Zellteilungen oft eine Beziehung zur Orientierung der Wunde haben. In der Regel findet man, daß die Teilungsspindel in der Richtung zur Wunde steht, die neuen Wände also parallel zur Wundfläche verlaufen. Jedoch darf hieraus nicht ohne weiteres auf eine entsprechende Lage der Polaritätsachse in den Zellen geschlossen werden; denn die Richtung der Teilungsspindel kann zwar durch die Richtung der Polaritätsachse determiniert werden; es gibt aber auch andere Faktoren, die sie beeinflussen und die u. U. stärker wirken als die Polaritätsachse.

f) Wirkung von Röntgenstrahlen

Aus einer Reihe von Untersuchungen über den Einfluß von Röntgenstrahlen auf pflanzliche Entwicklungsvorgänge könnte man auf eine Störung der Polarität schließen. Jedoch ist ähnlich wie bei den Wundwirkungen ein sicherer Schluß meist nicht möglich. Hingewiesen sei hier aber auf einen Einzelfall. HEILBRONN fand bei *Polypodium aureum* nach der Einwirkung von Röntgenstrahlen interessante Abänderungen. Es bildeten sich z. T. Regeneratprothallien, denen offenbar die Polarität mehr oder weniger fehlte. Im Extremfall entstanden unorganisierte Zellhaufen, deren Wachstumsweise sich über viele Jahre erhielt (Abb. 39). Unter dem Einfluß der Röntgenstrahlen ist die Änderung hier also so radikal, daß die Fähigkeit der Zellen zur Ausbildung einer Polarität ganz verlorengehen kann.

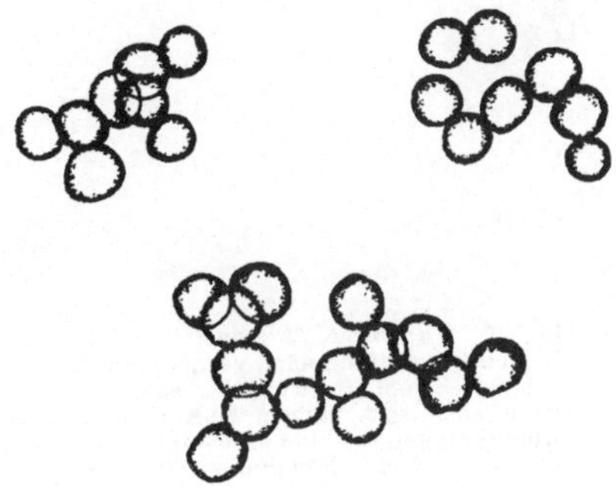

Abb. 39. Lockere Gruppen von Regeneratzellen bei *Polypodium aureum* nach Einwirkung von Röntgenstrahlen. (Nach HEILBRONN.)

g) Wirkung sichtbarer Strahlung

Bei Farnprothallien ist, wie wir schon mehrfach sahen, die Polarität zunächst so labil, daß es nicht verwundert, wenn gerade hier auch durch sichtbare Strahlung relativ leicht eine Modifikation bzw. Aufhebung der Polarität möglich ist. Das zeigen besonders die Untersuchungen MOHRS an *Dryopteris filix-mas*. Als „Maß" der Polarität kann hier offenbar das Längenwachstum benutzt werden (vgl. auch S. 28). Natürlich ist das Verhältnis von Längenwachstum zu Breitenwachstum einer Zelle nicht nur von der Polarität, sondern auch von anderen Faktoren abhängig. Man kann also nicht ohne weiteres aus einer starken Bevorzugung des Längenwachstums auf eine stark ausgeprägte longitudinale Polaritätsachse schließen. Aber nach den Beobachtungen MOHRS besteht doch beim genannten Objekt eine deutliche Parallelität zwischen dem Ausmaß des Längenwachstums und dem Grad der ungleichen Verteilung von Plasma und Plastiden in den Zellen. Diese ungleichen Verteilungen sind eine klare Folge der Zellpolarität. Auf Grund jener Parallelität nun darf man also vermuten, daß das Verhältnis von Längen- zu Breitenwachstum bei diesem Objekt ein gutes Maß für die Ausbildung der Polarität ist. Es zeigte sich bei den Untersuchungen eine deutliche Beziehung dieses Maßes zur Wellenlänge des zur Kultur benutzten Lichtes. Blaulicht hemmt das Längenwachstum, der Bereich von etwa 530—750 mμ fördert es, und zwar sogar verglichen mit dem Wachstum der Dunkelkontrollen. Da diesem Ergebnis auch die Beeinflussung der übrigen polaren Struktur der Zellen, namentlich der Chlorophyllverteilung in den Zellen durch die verschiedenen Lichtqualitäten entspricht, darf wohl wirklich gefolgert werden, daß Rotlicht die Polarität begünstigt, Blaulicht sie unterdrückt. Es konnten durch Kultur in Blaulicht sogar Wuchsformen erzielt werden, die eine völlige Aufhebung der Polarität erkennen lassen, d. h. es entstanden ungeordnete Zellhaufen, vergleichbar denen, die wir als Folge anderer polaritätsunterdrückender Faktoren beschrie-

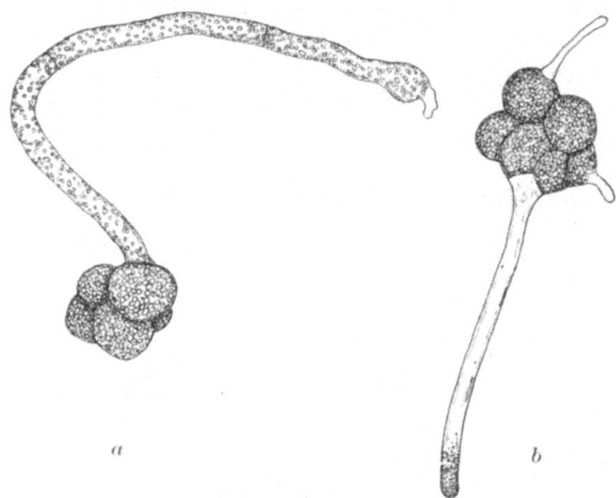

Abb. 40. *Dryopteris filix-mas.* a Ergebnis einer sechstägigen Blaulichtbehandlung nach vorhergehender sechstägiger Kultur im langwelligen Rotlicht; b ausgewachsene Sekundärchloronemen nach sechstägiger Kultur im langwelligen Rotlicht; vorhergegangen ist eine sechstägige Blaulichtkultur. Intensität in allen Fällen 60.000 erg/cm²/sec.
(Nach Mohr.)

ben haben. In diesen Zellhaufen macht sich das Fehlen einer Polaritätsachse nicht nur in der Hinsicht bemerkbar, daß die Teilungen nach allen Richtungen erfolgen, sondern auch daran, daß alle Teilungen vom äqualen Typ sind, also die Differenzierung in verschiedene Zelltypen unterbleibt. Auch hinsichtlich der Größe der Zellkerne, des Gehalts an Zytoplasma usw. sind in diesen unter dem Einfluß starken Blaulichts entstehenden Zellhaufen alle Zellen gleich.

Diese Effekte lassen sich nicht nur an eben gekeimten Prothallien beobachten. Vielmehr ist auch in späteren Entwicklungsstadien noch leicht durch entsprechende Beleuchtung eine Verstärkung bzw. Abschwächung der Polarität mit den betreffenden morphogenetischen Folgen möglich (Abb. 40).

Es ist durchaus denkbar, daß sich diese Resultate auf Grund des vorher entworfenen Schemas der Polaritätsinduktion erklären lassen. Möglicherweise beruht nämlich die Wirkung der einzelnen Spektralbereiche auf einer Neubildung bzw. Zerstörung von Wuchsstoff, so daß im einen Falle die Entstehung der notwendigen Wuchsstoffgradienten begünstigt, im anderen Falle diese aber erschwert ist. Daß durch Behandlung mit IES entsprechende Formänderungen erzielbar sind, wurde ja schon erwähnt. Im ganzen würde man zu dem Resultat kommen, daß bei den Farnprothallien die

Polarität noch nicht stabilisiert ist, vielmehr lange Zeit das Zwischenstadium erhalten bleibt, in dem die Wuchsstoffgradienten noch nicht zur Entstehung einer stabilen protoplasmatischen Asymmetrie geführt haben. Der Einfluß von Licht auf diese polare Ausbildung läßt sich somit gut dem vorher entworfenen Bild der Polaritätsentstehung einordnen.

h) Normalphysiologische Änderung der Polaritätsachse

Einen Einblick in die protoplasmatische Natur der Polarität könnten wir auch durch ein Verständnis der normalphysiologischen Beendigung bzw. Änderung der Polarität gewinnen. Solche Vorgänge kommen regelmäßig bei der Entwicklung der Pflanzen vor. Wir brauchen nur an die Bildung von Eizellen, Sporen usw. zu denken. Diese Gebilde sind ja häufig zunächst apolar, und wenn sie polarisiert sind, so stimmt ihre Polaritätsachse doch oft nicht mit der des umgebenden Gewebes der Mutterpflanze überein, es hat also offensichtlich vorübergehend ein Stadium der Apolarität bestanden und das umgebende Gewebe hat durch chemische Einflüsse usw. eine neue Polaritätsachse induziert. Auf Einzelheiten brauchen wir hier nicht ausführlich einzugehen. Es sei etwa erwähnt, daß bei *Oedogonium* die Achse der Zoosporen in rechtem Winkel zur Richtung der Zellachse des Thallus steht, in dem sich die Zoosporen entwickeln (PRINGSHEIM 1858). Bei den Filicales wird die Polaritätsachse des Embryo durch die Lage der befruchteten Eizelle im Archegonium determiniert; dabei ist aber auch ein gewisser Einfluß der Schwerkraft feststellbar (vgl. LA MOTTE, LEITGEB). Daraus darf wohl gefolgert werden, daß in der Eizelle zunächst Apolarität herrscht und die Umgebung die Polaritätsachse erst wieder neu induziert.

Wir können nicht sagen, welche Faktoren in solchen Fällen die sonst so stabile Polarität vernichten. Aber auf einen Umstand darf vielleicht doch hingewiesen werden. Allen diesen Fällen ist gemeinsam, daß es sich um Zellen mit intensiver Zytoplasmaneubildung handelt. Das ist beachtenswert, weil auch im pathologischen Entwicklungsgeschehen der Polaritätsverlust mit intensiver Zytoplasmaneubildung parallel läuft, nämlich bei Regenerationserscheinungen. Schreitet etwa eine Blattzelle zu einer Regenerationsleistung, so ist in ihr gleichzeitig eine Neubildung von Protoplasma und eine Änderung der bisherigen Polaritätsachse feststellbar. Fernerhin muß berücksichtigt werden, daß die Neubildungen oft aus dem inneren Teil des Cytoplasten heraus erfolgen, die polar strukturierten peripheren Teile also gar nicht an den Neubildungen beteiligt sind.

Der Hinweis, daß die Schaffung neuer Polaritätsachsen im normalphysiologischen Geschehen mit einer starken Neubildung von Zytoplasma einherzugehen pflegt, kann noch durch andere interessante Erscheinungen ergänzt werden. Für die normale Differenzierung ist es ja sehr wesentlich, daß zu bestimmten Zeitpunkten der Entwicklung Zellen ihre alte Wachstumsrichtung aufgeben und in einer anderen Richtung weiterwachsen. Man kann aus dieser Änderung der Wachstumspolarität nicht ohne weiteres auf eine Änderung der protoplasmatischen Polarität schließen; aber wenigstens in manchen Fällen liegt ein solcher Schluß doch nahe, so etwa beim Auswachsen der Wurzelhaare. Und auch hier gilt die obengenannte Regel interessanterwcisc wieder: Die Wurzelhaarbildung wird eingeleitet durch ein Wiederaufleben des schon erloschen gewesenen Plasmawachstums (Bünning 1952). Die Ähnlichkeit dieses Verhaltens mit einer Regeneration ist auch in anderer Hinsicht so groß, daß man die Bildung solcher „Meristemoide" in den Trichoblasten als eine Art Regeneration im normalphysiologischen Geschehen betrachten kann.

Auch das Verhalten von Blattinitialen ist im Grunde genommen ähnlich: Die Ausbildung von Blattanlagen beginnt mit dem Wiederaufleben des Plasmawachstums und parallel damit zeigt sich auch das Auftreten einer Änderung in der bevorzugten Wachstumsrichtung, während die Zellen vorher parallel zur Längsachse des Sprosses wuchsen, wachsen sie von nun an senkrecht zu dieser Richtung.

Schließlich sollte hier auch noch auf mögliche Änderungen der Polarität beim Übergang der Pflanze zur Blütenbildung hingewiesen werden. Leopold und Gurnsey haben angegeben, daß in den Achsenorganen beim Übergang zur Blütenbildung die Polarität des Auxintransports verlorengeht, in ihnen kann Auxin auch akropetal wandern. Unvollständige Polarität ist demnach, wie diese Autoren schließen, ein Charakteristikum blühender Sprosse. Das würde eigentlich mit dem Verhalten des Vegetationspunktes beim Übergang zur Blütenbildung übereinstimmen. Diese Wandlung ist nämlich verknüpft mit einem Hinaufrücken der Teilungen bis zum äußersten Scheitel, also dadurch gekennzeichnet, daß die Sonderung in vollembryonale und sich differenzierende Zellen bei der Tätigkeit der Scheitelregion verlorengeht. Eben das könnte man mit einem Polaritätsverlust in Zusammenhang bringen. Und dieser Polaritätsverlust in Knospen, die zur Blütenbildung oder entsprechenden Vorgängen übergehen, ist noch in anderen Erscheinungen prüfbar. Z. B. auch an Blattorganen, die sich an solchen umgestimmten Vegetationspunkten entwickeln, werden die Folgen des Polaritätsverlustes deutlich. Auch hier nämlich werden die inäqualen Teilungen stark unterdrückt. Wir erkennen das z. B. bei Blütenpflanzen an der Induktion der Spaltöffnungszahl in der Blütenregion, also etwa an Blüten- und Hochblättern (vgl. Weber und Thaler, Kenda). Bei *Sphagnum* etwa äußert sich der Polaritätsverlust während des Übergangs zur Gametangienbildung auch wieder in der Unterdrückung inäqualer Teilungen, einerseits wird die volle Embryonalität der Scheitelregion beseitigt, so daß dort Gametangien entstehen, andererseits zeigen die Blätter dieser Region nicht mehr die Differenzierung in Chlorophyll- und Hyalinzellen. Vielmehr sind alle Teilungen äqual, so daß die Perichaetialblätter nur aus Chlorophyllzellen aufgebaut sind (vgl. Bünning, Hunck und Lutz). Obwohl diese Tatsachen so sehr für eine Aufhebung der Polarität beim Übergang zur Blütenbildung sprechen, ist diese Änderung durch eine Untersuchung Haupts aber doch sehr zweifelhaft geworden. Er konnte bei mehreren Pflanzen zeigen, daß ein Unterschied in der Polarität des Wuchsstofftransports zwischen Sproßstücken vegetativer und blühender Pflanzen nicht nachweisbar ist. Sogar Blüten- und Infloreszenzstiele, Blütenblätter, Filamente und Griffel leiteten den Wuchsstoff streng polar. Auch im Gelingen homopolarer Pfropfungen unterschieden sich Stücke vegetativer und blühender Pflanzen nicht.

5. Die physikalisch-chemische Natur und die mikroskopischen Äußerungen der protoplasmatischen Polarität

Die polare Plasmastruktur ist, wie wir sahen, aus polaren morphologischen und entwicklungsphysiologischen Phänomenen erschlossen worden. Wir erkannten, daß sich die strukturelle Asymmetrie durch hohe Stabilität auszeichnet und sie ihren Sitz offenbar in peripheren Plasmaschichten hat. Wir haben das vor allem aus den Versuchen über die Polaritätsinduktion erschlossen. Ergänzt sei hier aber noch, daß man die gleiche Schlußfolgerung aus Versuchen über normale Polaritätsänderungen ziehen kann. ZIMMERMANN und HELLER untersuchten die Brutknospenbildung bei *Sphacelaria fucsa*. Diese Bildung vollzieht sich unter einer Verlagerung der Polaritätsachse des neuen Organs gegenüber dem alten um nahezu 90⁰. Hierbei stellen sich zunächst die Bestandteile des dünnen protoplasmatischen Wandbelages der Zelle, nämlich die Chromatophoren und Fucosankörner, in die neue Richtung ein. „Dieser Vorgang der Polaritätsänderung spielt sich also zunächst ausschließlich in der Wandschicht der lebenden Zelle ab. Der Zellkern und das ganze Zellinnere, samt der die Zellteilungsrichtung bestimmenden Zentriolstrahlung bleibt in der alten Lage." Für die Eier von *Sargassum confusum* und *Coccophora Langsdorfii* kommt NAKAZAWA (1950, 1951, 1956) zu dem Ergebnis, daß die Polarität nicht auf Gradienten des Zellinnern beruht, sondern mit der Differenzierung in den corticalen Schichten verknüpft ist. Auch WEBER (1957) bestätigt für die Zoosporen von *Vaucheria* dieses Resultat.

Das Ziel weiterer Forschungen muß es nun sein, die physiko-chemische Natur dieser Asymmetrie genauer zu erkennen. Lichtmikroskopisch ist diese Aufklärung mindestens nicht restlos möglich. Man darf nicht etwa in den Fehler verfallen, polare Differenzen in den Plasmaeigenschaften oder in der Plasmadichte mit der gesuchten polaren Struktur zu verwechseln. Solche Differenzen in den „Polfedern" bestehen; aber sie sind allem Anschein nach ebenso wie andere stoffliche Gradienten innerhalb der Zellen erst Folge der polaren Plasmastruktur. Daher gehen wir erst bei der Besprechung der durch die Polarität bedingten Gradienten auf sie ein.

Die in den vorhergehenden Abschnitten besprochenen Erscheinungen der stabilen Polarität werden nur verständlich, wenn wir annehmen, daß jeder einzelne Teil des Protoplasten einer Zelle eine polare Struktur besitzt. Die Polarität der Einzelzelle muß analog zum Aufbau eines Magneteisens aufgefaßt werden. Nur die Annahme, daß die Asymmetrie sich bis in molekulare Dimensionen hinein fortgesetzt, kann alle Erscheinungen erklären. Tatsächlich konnte WEBER (1957) für die Zoosporen von *Vaucheria* nachweisen, daß auch Teilstücken der Zelle noch die Polarität zukommt.

Über eine asymmetrische Struktur in den Elementen des Protoplasten könnte man sich ohne Schwierigkeit Modellvorstellungen machen. Wir könnten auch an bestimmten tatsächlich bestehenden Modellen viel von dem reproduzieren, was die polare Plasmastruktur leistet. So kann etwa hingewiesen werden auf Erscheinungen der polaren Permeabilität, wie sie bei Membranen organischen Ursprungs bestehen. Freilich handelt es sich dabei um eine Strukturasymmetrie und eine durch sie bedingte Polarität der Leistungen, die in der Richtung von innen nach außen besteht, während uns vor allem die Asymmetrie in der Richtung der Membranfläche interessiert. Aber als Modell für die physiko-chemische Möglichkeit einer solchen Asymmetrie können jene Membranen natürlich dienen.

Membranen mit gerichteter Permeabilität, und zwar sowohl an lebenden als auch an toten Zellen, sind im Bereich des Organischen häufig. Viel untersucht worden ist z. B. die gerichtete Permeabilität der Froschhaut. Ferner kann auf die Untersuchungen Brauners an Samenschalen hingewiesen werden: Bei der *Aesculus*-Testa filtriert Wasser in normaler Richtung, d. h. von außen nach innen, bei gleichem Druck um 52% schneller durch die Membranen als in inverser Richtung. Um eine ähnliche Erscheinung handelt es sich wohl bei der von Metzner untersuchten polaren Leitfähigkeit lebender und toter Membranen. Metzner fand bei den verschiedensten Pflanzenteilen eine polar verschiedene Leitfähigkeit für den elektrischen Strom. Dieser unterschiedliche Widerstand in den beiden entgegengesetzten Richtungen äußert sich z. B. darin, daß schwache Wechselströme gleichgerichtet werden. Der Effekt ist besonders stark an Objekten mit asymmetrisch geschichtetem Bau, schwächer an anscheinend homogenem parenchymatischem Gewebe. In solchen Geweben verschwindet der Effekt auch nach dem Abtöten der Gewebe, während er in anderen Fällen erhalten bleibt. Auch bei mehreren Samenschalen mit asymmetrisch geschichtetem Bau hat Metzner solche Effekte gefunden.

Eine protoplasmatische Asymmetrie in der Richtung senkrecht zur Membranfläche muß dort gefolgert werden, wo sich an einem Protoplasten elektrische Potentialdifferenzen auch dann einstellen, wenn sich auf beiden Seiten der Membran die gleiche Lösung befindet. Als Beispiel kann *Halycistis osterhoutii* dienen (vgl. Blinks). Hier wurden folgende Potentiale gemessen:

Halycistis osterhoutii, experimentell hergestellte Kette	Potentialdifferenz außen / innen	Ladungsvorzeichen der Außenseite
Natürl. Zellsaft/Protoplasma/ natürl. Zellsaft	40—50 mV	positiv
Seewasser pH 5—6/Protoplasma/ Seewasser pH 5—6	40—50 mV	positiv
Seewasser pH 6,5—8/Protoplasma/ Seewasser pH 6,5—8	20—40 mV	negativ

Wenn äußere Gradienten fehlen, müssen im Plasma liegende Gradienten, also eine protoplasmatische Asymmetrie angenommen werden. Da die Potentiale dauernd aufrechterhalten bleiben, müssen als Energiequelle für sie Stoffwechselvorgänge angenommen werden. Für die polare Permeabilität der Samenschalen ist auch das Hinzutreten einer elektrostatischen Komponente beim Wassertransport angenommen worden. Aber das Primäre muß natürlich eine Struktursymmetrie der Membran sein, die dann dazu führen mag, daß innerhalb der Membranen Ionenverschiebungen auftreten, die für diese Potentiale verantwortlich sind.

Als Modell aufschlußreich sind auch Studien an Kollodiummembranen (WILBRANDT). Werden gewöhnliche Kollodiummembranen mit solchen kombiniert, die mit basischen Farbstoffen imprägniert sind, so ist eine Seite dieser zusammengesetzten Membranen, nämlich die aus gewöhnlichem Collodium bestehende, vorwiegend kationenpermeabel, die andere aber anionenpermeabel. An solchen Membranen traten erhebliche elektrische Potentiale auf.

Membrankombination	Potential
Methylenblau–Kollodium/Kollodium	330 mV
Safranin–Kollodium/Kollodium	320 mV

An diesem Modell ist also die obengenannte Möglichkeit verwirklicht, daß primär eine Ionenverschiebung und damit eine elektrische Potentialdifferenz entsteht. Diese Differenz kann dann ihrerseits zu anderen polaren Stoffbewegungen führen.

Da diese Hinweise nur die Aufgabe haben sollen zu zeigen, wie überhaupt eine Membranasymmetrie zu polaren Leistungen führen kann, ist hier eine weitere Besprechung solcher Modelle nicht notwendig. Sie kann ein Studium der faktisch für die Polarität verantwortlichen Asymmetrien nicht ersetzen.

Bei der protoplasmatischen Asymmetrie muß es sich um eine gerichtete Einlagerung polar gebauter Eiweißmoleküle handeln. Es kann hierzu etwa auf die Vorstellung von SEKI (vgl. FREY-WYSSLING) verwiesen werden, nach der beim Kollagen die Teilchen auf Grund einer Dipoleigenschaft zusammentreten.

Diese Hinweise müssen genügen, um anzudeuten, in welcher Richtung etwa die elektronenmikroskopische Erforschung der Polarität des Protoplasten zu erfolgen hat.

Jedoch darf hierzu immerhin noch auf einige Tatsachen hingewiesen werden, die zwar nicht die protoplasmatische Asymmetrie selber erhellen, aber doch etwas näher an sie heranführen als die in den vorherigen Abschnitten besprochenen morphogenetischen Erscheinungen. KAMIYA und TAZAWA fanden bei *Nitella* eine sehr ausgesprochene Polarität der Wasserpermeabilität. Für die Endosmose ist der Widerstand viel geringer als für die Exosmose. Die Frage, ob diese Polarität ihren Sitz im Plasmalemma oder im Tonoplasten hat, bleibt offen. Es wäre immerhin denkbar, daß diese Polarität eine Komponente der gesuchten dreidimensionalen Asymmetrie der peripheren Schichten des Protoplasten ist.

Außerdem gibt es auch noch mikroskopische Hinweise auf die Strukturierung des Protoplasten. Allem Anschein nach müssen wir damit rechnen, daß die Protoplastenoberfläche schraubig strukturiert ist. In einigen Fällen ist das lichtmikroskopisch direkt erkennbar. Interessant ist etwa die Beobachtung, daß die Pellicula und auch noch die unter ihr liegenden Teile des Protoplasten bei *Euglena* eine solche schraubige Struktur zeigen (Mainx, Pochmann, Abb. 41). Auch an den verschiedensten anderen Pflanzenzellen, von den Bakterien bis zu den höheren Pflanzen, sind entsprechende Beobachtungen gemacht worden (Abb. 42). Es sei hingewiesen auf die Angaben bei Klein, Chadefaud, Lefèvre. In einigen Fällen wurden im Protoplasma schraubig verlaufende Bänder beobachtet, so z. B. bei den Internodialzellen von *Chara* (Linsbauer). Und vor allem darf noch gesagt werden, daß die Ausbildung schraubiger Strukturen in der Zellwand (ähnlich wie die anderen Strukturen in ihr) allem Anschein nach auf entsprechende Strukturen im Protoplasma zurückzuführen ist. Wir wissen ja schon seit den Untersuchungen Dippels, daß sich in jungen schraubigen Gefäßen zunächst entsprechende Verdickungen im Zytoplasma nachweisen lassen, die namentlich nach der Ablösung des Protoplasten von der Zellwand durch Plasmolyse deutlich werden (vgl. auch die weiterführenden Beobachtungen von Sinnott und Bloch sowie Zepf, Abb. 43).

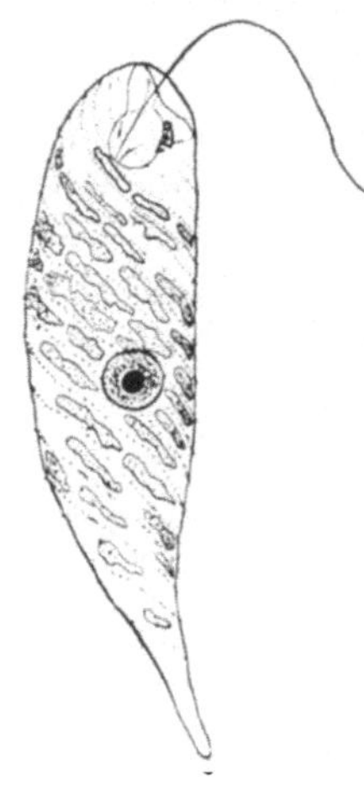

Abb. 41. Schraubige Anordnung der Chloroplasten bei der mit schraubiger Pellicula ausgestatteten Zelle von *Euglena purpurea*.
(Nach Mainx aus Küster 1951.)

Die schraubige Struktur der Protoplastenoberfläche kann nur selten direkt beobachtet werden; in anderen Fällen läßt sie sich aber an der Anordnung von Einschlüssen des Protoplasten oder auch aus der Plasmaströmung erschließen. Eine schraubige Anordnung von Chloroplasten ist z. B. bei Characeen-Internodialzellen oft beobachtbar (vgl. Nägeli, Rhumbler, Berthold). Linsbauer hat diese Anordnung klar als Ausdruck einer inhärenten Schraubenstruktur des Protoplasten bezeichnet. An anderen Pflanzenzellen ist die schraubige Plastidenanordnung ebenfalls gefunden worden (vgl. Küster, Chadefaud, Yuasa, Schoser. Auch an Zellen von Blütenpflanzen kann eine entsprechende Plastidenanordnung verwirklicht sein. In anderen Fällen zeigen die Zellkerne eine schraubige Anordnung, sofern es sich um vielkernige Zellen handelt. Man vergleiche hierzu etwa die Angaben von Peterschilka für *Rhizoclonium* und von Schussnig und Schoser für *Cladophora*.

Abb. 42. Kontorte Orientierung der Plastiden bei *Haematococcus pluvialis*.
(Nach Reichenow aus Küster 1951.)

Schließlich deutet natürlich besonders noch die allgemein verbreitete schraubige Textur von Zellwänden auf eine entsprechende Protoplasmastruktur. Das ist für uns nicht mehr erstaunlich, seitdem wir wissen, daß die Zellwand mindestens in jüngeren Entwicklungsstadien als äußerste Schicht des Protoplasten selber aufgefaßt werden darf. Der Hinweis auf diesen Zusammenhang mag hier genügen; Einzelheiten gehören nicht an diese Stelle. Aber ein Punkt, der namentlich in einer Untersuchung WILSONS klar zum Ausdruck kommt, sei doch noch besonders betont. Man könnte ja Zweifel haben, ob die in der mikroskopisch sichtbaren Struktur, in der Anordnung von Plastiden, im Wandbau usw. zum Ausdruck kommende Schraubenstruktur der Protoplastenoberfläche etwas mit der Struktur zu tun hat, die für die Polarität verantwortlich ist. Durch die Studie WILSONS werden diese Zweifel mindestens stark gemildert: Bei *Valonia* und *Dictyosphaeria* hat die schraubige Orientierung der Zellulosefibrillen eine deutliche Beziehung zu den beiden Zellpolen, sie ist also wirklich allem Anschein nach unmittelbar Ausdruck der für die Polarität verantwortlichen protoplasmatischen Asymmetrie (Abb. 44).

Außerdem muß auch noch an den schraubigen Verlauf der Plasmaströmung

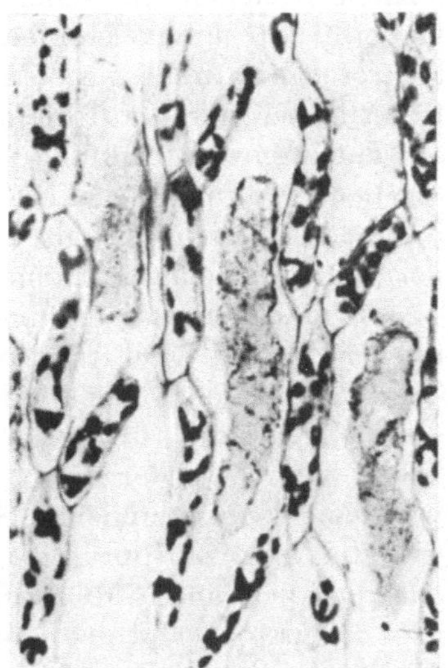

Abb. 43. *Sphagnum cymbifolium*. Junge Hyalinzellen nach Fixierung mit hypertonischer Chromessigsäure und nach Anfärbung mit Hämatoxylin nach Delafield. In der mittleren Hyalinzelle sind die Plasmaverdichtungen deutlich erkennbar.

(Original ZEPF.)

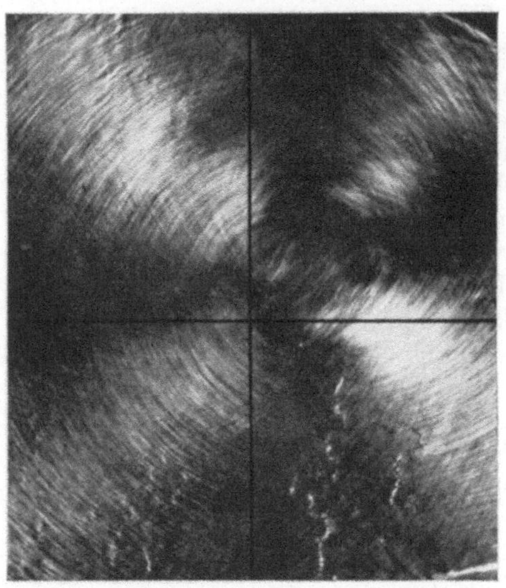

Abb. 44. *Valonia ventricosa*. Wandstrukturen am Zellpol, Aufnahme im Polarisationsmikroskop.
(Nach WILSON.)

bei vielen Pflanzen erinnert werden (STRASBURGER, ITERSON, LINSBAUER).

Will man die hier mitgeteilten Tatsachen zu einem Bild vereinigen, das natürlich zunächst nur den Charakter einer Hypothese haben kann, so darf man sagen: Im Protoplasma (oder in peripheren Teilen von ihm) sind bestimmte Strukturelemente, d. h. bestimmte Polypeptidketten, zu Schraubenfiguren angeordnet, die Anfang und Ende in je einem Pol der Zelle finden. Diese Elemente sind selber alle polar gebaut. So würden wir also zu der Ansicht kommen, daß nicht eigentlich eine gerade Polaritätsachse durch jede Einzelzelle verläuft, sondern eine Polaritätsschraube. Mit diesem Bild müssen wir uns vorerst begnügen. (Es sei auch auf die von NEEDHAM. SCHLEIP, CHILD und SEIFRIZ entwickelten Vorstellungen verwiesen.) Die elektronenmikroskopischen Studien über den Feinbau der Plasmagrenzschichten haben zwar schon einige beachtliche Ergebnisse geliefert (vgl. Frey-Wyssling); aber wir können bisher nicht übersehen, ob die etwa im Plasmalemma gefundenen strukturellen Ordnungen sich wirklich auf die Teile des Protoplasten beziehen, in denen die Polarität ihren Sitz hat. Bedeutsam ist vielleicht für unser Problem die Doppelbrechung des Plasmalemmas bei mehreren nichtpflanzlichen Objekten (Bairati und Lehmann, Frey-Wyssling 1953). Es sei hierzu auf die Diskussion bei Frey-Wyssling verwiesen, ebenso auf eine neuere Mitteilung von Lehmann, Manni und Geiger über die strukturellen Ordnungen im Plasmalemma von *Amoeba*. (Für zoologische Objekte liegen viele Angaben über das Vorkommen fibrillärer Proteine in peripheren Plasmaschichten vor. Vgl. Schmitt.)

Die morphogenetische Bedeutung der strukturellen Membranasymmetrie liegt darin, daß es durch sie zu einer Bildung stofflicher und energetischer Gradienten in der Zelle kommt. Diese stofflichen und energetischen Gradienten sind Ursache für die unterschiedlichen Leistungen an den Polen. Wir haben bereits bei der Besprechung einiger Modelle darauf hingewiesen, auf welchem Wege grundsätzlich die Bildung von Gradienten. d. h. ein gerichteter Stofftransport in asymmetrischen Membranen möglich ist. Neben den dort genannten Möglichkeiten ist aber auch noch ein Transportmechanismus entsprechend den Vorstellungen Goldacres zu berücksichtigen. Nach dieser Ansicht (Goldacre und Lorch, Goldacre) spielen für den Transport bekanntlich Faltungen linearer Proteinmoleküle eine entscheidende Rolle. Diese Vorstellung wäre nach Frey-Wyssling dahingehend zu modifizieren, daß es sich um Änderungen des Zustandes von Kugelketten handelt.

Goldacre führt diesen Mechanismus namentlich an, um Akkumulationen gegen ein Konzentrationsgefälle zu erklären. Aber auch die polaren Leistungen des Protoplasten könnte man unter Zuhilfenahme dieser Vorstellung natürlich plausibel machen, wenn man annimmt, daß es sich bei diesen Molekülen um polar gebaute Elemente handelt, die in einer bestimmten Ordnung im Protoplasten fest verankert sind. Wir kommen auf diese Vorstellung bei der Besprechung polar gerichteter Stoffbewegungen noch zurück.

6. Polare Verteilungen innerhalb der Zelle als Folgen der polaren Plasmastruktur

a) Einleitung

Die polare Struktur des Protoplasten hat viele stoffliche und energetische Gradienten innerhalb der Zelle zur Folge. Diese Gradienten sind uns sogar leichter zugänglich als die polare Struktur des Protoplasten selber. Das Studium von ungleichen Verteilungen dieser Art ist wichtig, weil es einen Schlüssel für viele Differenzierungsvorgänge liefert (Bünning 1953, 1956). Von diesen Gradienten hängt ja z. B. die Inäqualität mancher für das Differenzierungsgeschehen wichtiger Zellteilungen ab.

Wir haben schon wiederholt betont, daß wir diese Gradienten nicht mit der Polarität selber verwechseln dürfen. Nur in seltenen Fällen, nämlich dann, wenn es sich um eine völlig labile Polarität handelt, ist die Zellpolarität mit dem Vorhandensein bestimmter Gradienten identisch. Sonst aber erleben wir immer wieder, daß die Gradienten sehr wohl durch äußere Eingriffe, z. B. durch Zentrifugierung oder durch Anwendung elektrischer Potentialdifferenzen beseitigt werden können, sie sich dann aber nachher selbsttätig vermittels der erhalten gebliebenen asymmetrischen Plasmastruktur restituieren (vgl. z. B. Czaja 1930, Andrews 1903, 1915, Mottier 1899, Boronikow 1915, Prát 1923).

Unberücksichtigt lassen wir bei unserer Betrachtung plasmatische Gradienten ganzer Gewebe. Die Verhältnisse liegen in ganzen Geweben viel zu kompliziert. Solche Gradienten sind nicht nur unmittelbar durch die Polarität bedingt, sondern es greifen viele andere Faktoren ebenfalls ein. Zwar müssen wir natürlich auch bei der Einzelzelle mit der Beeinflussung der Gradienten durch andere Faktoren rechnen; aber in ganzen Geweben werden diese Störungen doch völlig unübersichtlich. Sie hängen dann mit der physiologischen und morphologischen Differenzierung der Gewebe zusammen, für die zwar unmittelbar die Polarität entscheidend wichtig ist, die aber ihrerseits doch wieder diese physiologische Umstimmung mit sich bringen. Wir können auf die Berücksichtigung von Gradienten in ganzen Geweben um so mehr verzichten, als diese Verhältnisse bereits innerhalb dieses Handbuchs von Reuter dargestellt worden sind.

b) Gradienten der Plasmadichte und Plasmabeschaffenheit

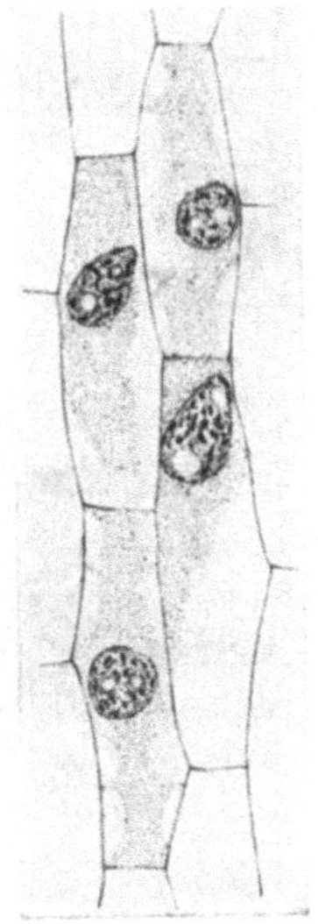

Abb. 45. *Allium cepa.* Plasmolyse mit KNO₃ (0,5 mol) in Zellen aus der Differenzierungszone der Blätter. Plasmolysezeit 3 min.
(Nach Bünning und Biegert.)

Sehr häufig äußert sich die Polarität des Protoplasten im unterschiedlichen Haften an der Wand. Feststellbar wird es durch den Plasmolyseversuch. In ausgewachsenen Zellen ist diese Differenzierung nicht mehr zu finden; in diesen haftet das Zytoplasma ohnehin nur wenig an der Wand, so daß es sich bei der Plasmolyse leicht an allen Stellen ablöst.

Cholnoky fand bei *Oedogonium* ein starkes Haften des Protoplasten am apikalen Pol, also an dem, der sich auch durch starkes Wachstum auszeichnet.

In Epidermiszellen der Blätter von *Allium cepa* fanden Bünning und Biegert ähnliche Verhältnisse, auch hier löst sich das Zytoplasma am basalen Pol leichter bzw. ausschließlich an ihm ab (Abb. 45). Diese Verschiedenheiten sind schon vor den mit der Polarität zusammenhängenden inäqualen Teilungen zu erkennen. Ähnliche Ergebnisse erzielte Zepf für das *Sphagnum*-Blatt (Abb. 46). Auch hier ist diese protoplasmatische Verschiedenheit am apikalen und basalen Pol die einzige, die mit den üblichen Methoden schon vor den inäqualen Teilungen festgestellt werden kann. Wiederum ähnlich verhält sich nach Untersuchungen Schosers auch *Cladophora*.

Sodann können hier die Untersuchungen Reuters an *Dryopteris para-*

sitica erwähnt werden. Schon die erste nach der Sporenkeimung auswachsende Zelle zeigt die sogenannte Polarität. Auch hier ist, jedenfalls zunächst, der apikale Pol durch einen negativen Plasmolyseort, d. h. durch Haftenbleiben des Protoplasten, gekennzeichnet. Erwähnt werden kann hier auch noch das Verhalten der *Fucus*-Eier. Sind die Eier durch Bestrahlung polarisiert worden, so löst sich der Protoplast im Plasmolyseversuch nur an der nicht beleuchtet gewesenen Hälfte ab (Reed und Whitaker).

So dürfen wir es anscheinend als allgemeine Regel betrachten, daß das Plasma am apikalen Pol stärker an der Wand haftet. Diese Verschiedenheit ist natürlich eng mit den Wachstumsgradienten innerhalb der Zelle verknüpft. Nun wissen wir aber, daß durchaus nicht alle Zellen apikales Wachstum zeigen. Tatsächlich kann man auch an Zellen mit interkalarem Wachstum feststellen, daß mittlere Regionen der Zelle das stärkere Haften des Protoplasten an der Wand aufweisen. So müssen wir wohl folgern, daß der genannte plasmatische Gradient zwar eine Folge der Polarität ist, daß er aber, ebenso wie der Wachstumsgradient, nicht nur von der Polarität, sondern auch von anderen Faktoren beeinflußt werden kann. Wie wenig eine unbedingt feste Beziehung zwischen dem Grad des Haftens der Protoplasten an der Wand und der Polarität besteht, zeigt auch die Beobachtung Reuters, daß bei älteren Zellen von *Dryopteris* der Protoplast

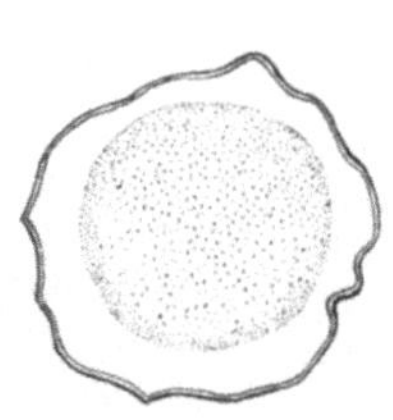

Abb. 46. *Sphagnum cymbifolium.* Plasmolyse von undifferenzierten Zellen der Zone beginnender Differenzierung nach 5 min. langem Verweilen in 1 mol Glukoselösung. (Nach Zepf.)

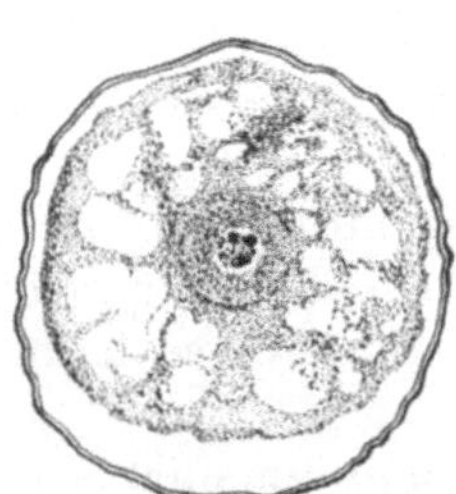
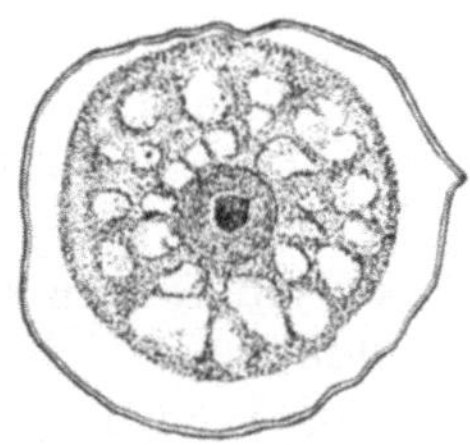

Abb. 47. Scheitelzelle von *Nitella mucronata. a* Spitzenregion, *b* mittlere Region, *c* untere Region. Original.

gerade am basalen Pol stärker haftet. Ob das mit entsprechenden Änderungen der Wachstumsweise verknüpft ist, müßte geprüft werden.

Jedenfalls hängt also die Frage nach den Ursachen für den Einfluß der Polarität auf das Haften des Protoplasten an der Wand ganz eng mit der Frage nach der Beziehung zwischen Polarität und Wachstumsort innerhalb der Zelle zusammen. Das gilt genau so auch für Gradienten in der Plasmadichte.

Ein Gefälle der Plasmadichte innerhalb der Zelle ist in jungen Zellen häufig nachweisbar. Dabei zeichnet sich durchweg der apikale Pol durch dichteres Plasma aus (Abb. 47). Oft ist diese Verschiedenheit der Pole mikroskopisch leicht sichtbar. Namentlich auch an Scheitelzellen kann diese Differenzierung schon gefunden werden. Besonders deutlich ist das z. B. bei *Sphacelaria* erkennbar (ZIMMERMANN 1929, ZIMMERMANN und HELLER).

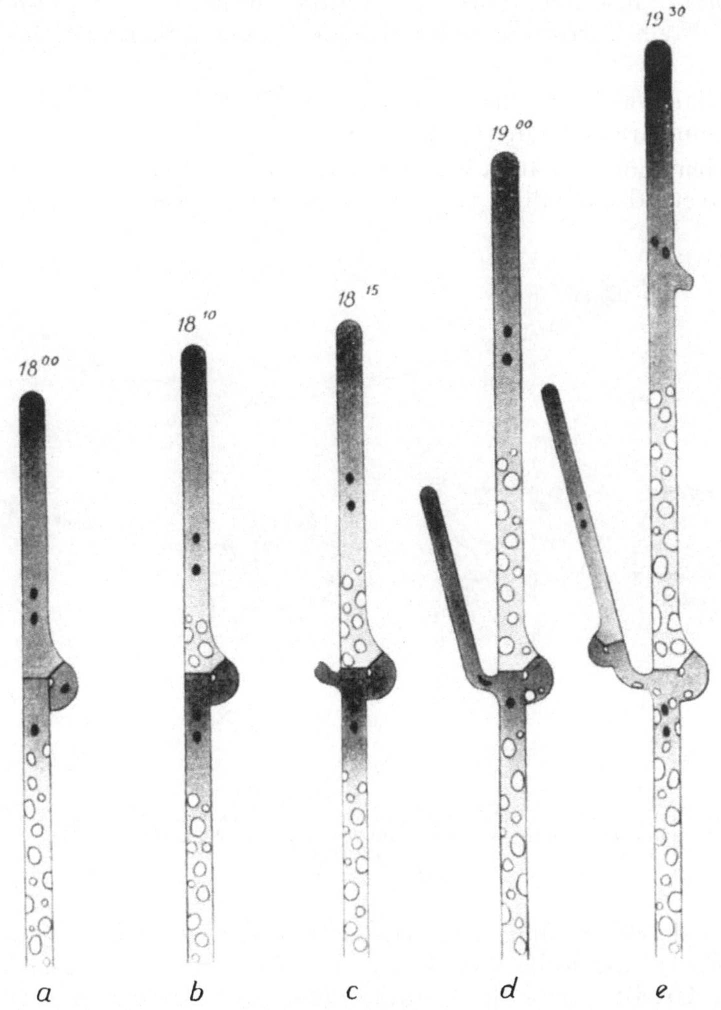

Abb. 48. *Polystictus versicolor.* Die Schraffierung deutet die phasenkontrastoptisch sichtbare unterschiedliche Dichte des Plasmas an.
(Nach GIRBARDT.)

Weiter erwähnt werden können etwa die Beobachtungen von GIRBARDT an Pilzen (Abb. 48). Bei *Polystictus versicolor* ist der terminale Teil der Zellen unmittelbar nach der Querwandbildung ganz vakuolenfrei. An der Spitze ist das Plasma dichter als an der Basis. Das Plasma der mehr basalwärts liegenden Zellteile ist oft stark vakuolig. Auch der Gradient der Plasmadichte ist zwar weitgehend von der Polarität abhängig, wird aber, wie schon angedeutet, nicht nur von ihr bestimmt. Er ist ganz eng korreliert mit dem Grad des Haftens des Zytoplasten an der Wand und dem Wachstum. Wir finden auch hier wieder, daß bei Zellen mit interkalarem Wachstum das dichteste Plasma an diesen Zellregionen zu finden ist. Beispielsweise beobachten wir, daß dort, wo aus Trichoblasten der Rhizodermis Wurzelhaare austreten, auch der Bezirk dichtesten Zytoplasmas liegt (Abb. 49). Freilich wird dieser Bezirk dann ja zum apikalen Pol des Wurzelhaares.

Bei Cladophoraceen hat Schoser die Gradienten der Plasmadichte mikrophotometrisch ermittelt (Abb. 50).

In vielen anderen Fällen wird der Gradient der Plasmadichte erst durch Färbungsversuche deutlich. Gerade bei solchen Versuchen aber zeigt sich,

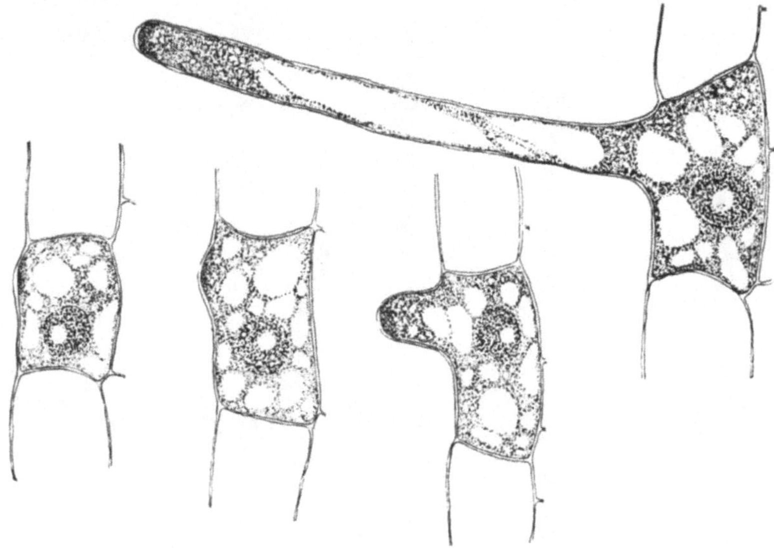

Abb. 49. Verschiedene Stadien der Wurzelhaarbildung bei *Helodea canadensis*. Es besteht eine deutliche Beziehung zwischen dem Ort stärksten Wachstums, also der Spitze des Wurzelhaares und der Anhäufung des Cytoplasmas.
(Nach Bünning.)

daß er durchaus nicht immer vorhanden ist. Selbst an Zellen, die den Besitz einer Polarität durch die Fähigkeit zu inäqualen Teilungen demonstrieren, wird der Gradient der Plasmadichte oft erst unmittelbar vor oder sogar während der ersten Stadien der inäqualen Teilung erkennbar.

Interessanter noch als Gradienten der Plasmadichte sind natürlich solche in der Plasmaqualität. Namentlich färberisch ist oft versucht worden, derartige Gradienten zu ermitteln. Schon eingegangen sind wir in einem anderen Zusammenhang auf die Untersuchungen Steineckes.

Ellengorn und Svetozarova haben mit färberischen Methoden qualitative Verschiedenheiten gefunden, die im wesentlichen mit Aciditätsgradienten zusammenzuhängen scheinen. Die akroskopen Zellenden waren saurer als die basiskopen. Auch in radialer Richtung waren solche Gradienten auffindbar.

Ferner wurden Unterschiede in der Lage der isoelektrischen Punkte gesucht. Es kann auf die Untersuchungen von SCHWANTES verwiesen werden, die für Pilze solche Gradienten nachwies. Die apikalen Zellenden hatten durchweg den höheren IEP (Abb. 51); vgl. dieses Handbuch XI, 2, REUTER).

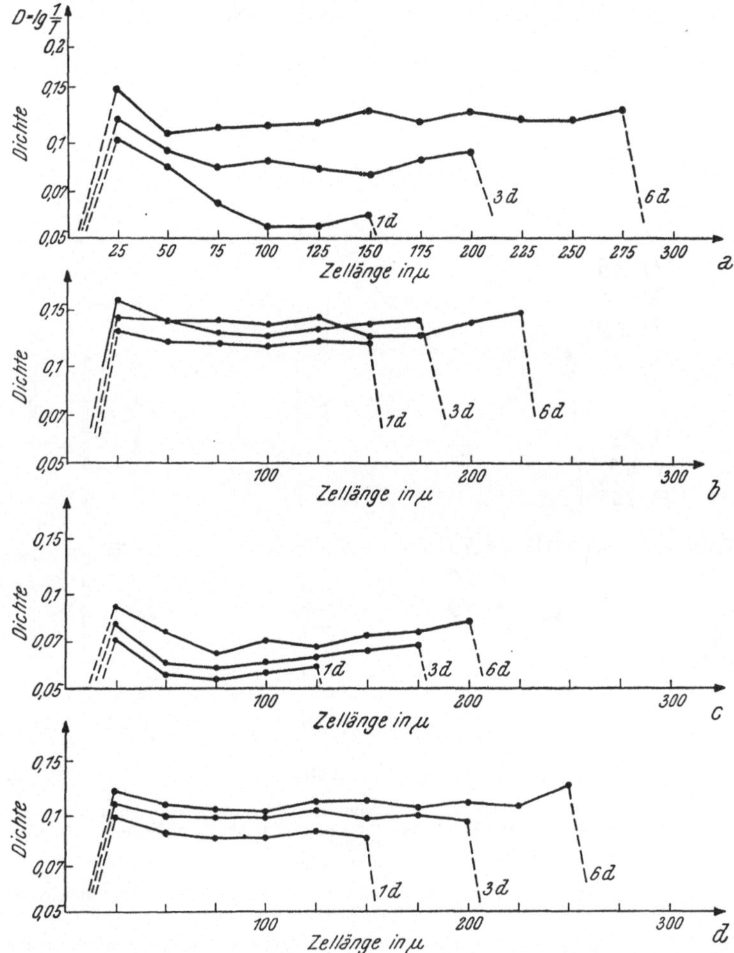

Abb. 50 *a, b. Cladophora fracta rivularis*. Die Protoplastendichte an lebenden (*a*) und fixierten (*b*) Zellen; 1, 3, 6 Tage nach der Isolation; *c* und *d* entsprechend für lebende (*c*) und tote (*d*) Regenerate von *Rhizoclonium hieroglyphicum*. Abszisse: Länge der gemessenen Zellen in μ. Ordinate: Dichte D = $\lg \frac{1}{T}$ (T = Transparenz).

(Nach SCHOSER.)

Mit Cladophoraceen hat SCHOSER entsprechende Untersuchungen durchgeführt. Er bestimmte die Lage des IEP ähnlich wie SCHWANTES mit Akridinorange. D. h. es wurde ermittelt, bei welchem pH-Wert der Umschlag von Grün zu Orange erfolgt. Für *Cladophora fracta* ergab sich, daß der mittlere IEP des Zytoplasmas in der wachsenden Region der Zellen bei pH = 5,9 lag, in den nichtwachsenden Teilen bei 5,3—5,6. Die Differenzen waren kleiner als die von Schwantes gefundenen. Bei Eiern und Embryonen von Algen fand Nakazawa (1953 a, b, c, 1955 a, b, 1957 a, b) Gradienten der Färbbarkeit und der Permeabilität.

Auf Gradienten in der Plasmabeschaffenheit deuten auch die Untersuchungen Boysen Jensens, nach denen die Trichoblasten sich durch den Besitz von „Zellulosebildner" auszuzeichnen scheinen, die wiederum eine

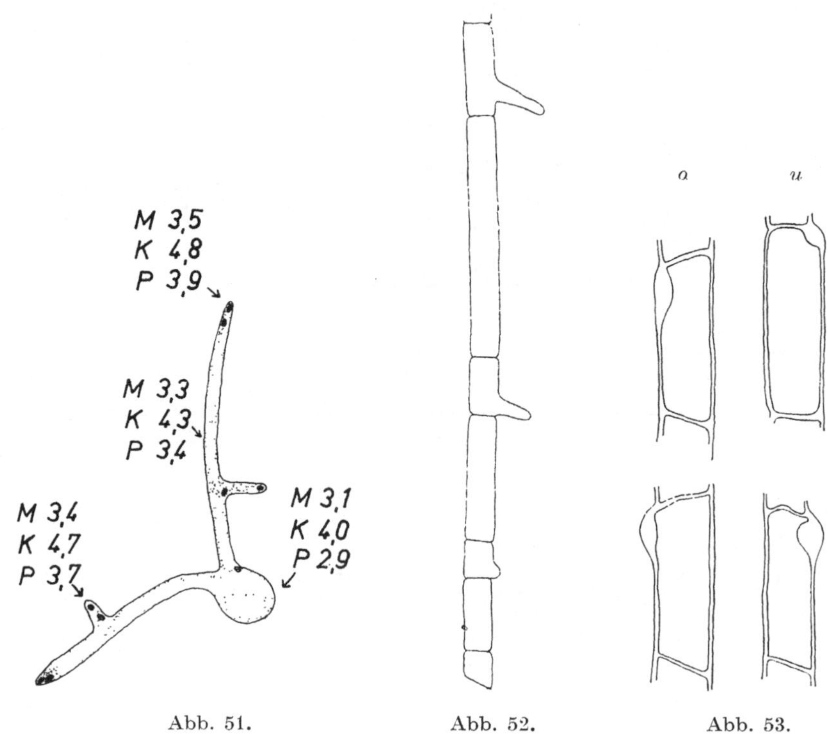

Abb. 51.   Abb. 52.   Abb. 53.

Abb. 51.   Lage der mittleren IEP-Werte der verschiedenen Zellbestandteile an einem 12 Std. alten Keimmyzel von *Phycomyces blakesleeanus*. Die Zahlen geben die pH-Werte an. *M* = Membran, *K* = Kern, *P* = Cytoplasma.
(Nach Schwantes.)

Abb. 52.   Differenzierung der Zellen in der Wurzelepidermis und polare Bildung der Wurzelhaare bei *Phleum*.
(Nach Boysen Jensen.)

Abb. 53.   Bildung von Verdickungen am apikalen Ende von Trichoblasten in *Phleum*-Wurzeln nach Verhinderung des Auswachsens der Wurzelhaare (bedingt durch 6 Std. langen Aufenthalt in einer 0,15—0,2 mol Dextroselösung, einer anschließenden einstündigen Einwirkung von Kongorot sowie hinterher 10 Std. Leitungswasser). *o* Oberseite, *u* Unterseite.
(Nach Boysen Jensen.)

polare Anhäufung innerhalb der Trichoblasten zeigen (Abb. 52, 53). Dieses einfache Schema der Determination stützt Boysen Jensen mit der Beobachtung, daß sich bei der Verhinderung des Auswachsens der Wurzelhaare lokale Wandverdickungen bilden. Es ist wohl nicht zwingend, hier eine polare Verlagerung spezifischer Zellulosebildner anzunehmen. Die Annahme eines stofflichen Gradienten, der die Zellulosebildung an einer Zellregion begünstigt, wäre vorsichtiger. Vielleicht sollte man auch hier zunächst nur von einem Gradienten der Plasmabeschaffenheit sprechen.

Ferner wurden Unterschiede in der Lage der isoelektrischen Punkte gesucht. Es kann auf die Untersuchungen von SCHWANTES verwiesen werden, die für Pilze solche Gradienten nachwies. Die apikalen Zellenden hatten durchweg den höheren IEP (Abb. 51); vgl. dieses Handbuch XI, 2, REUTER).

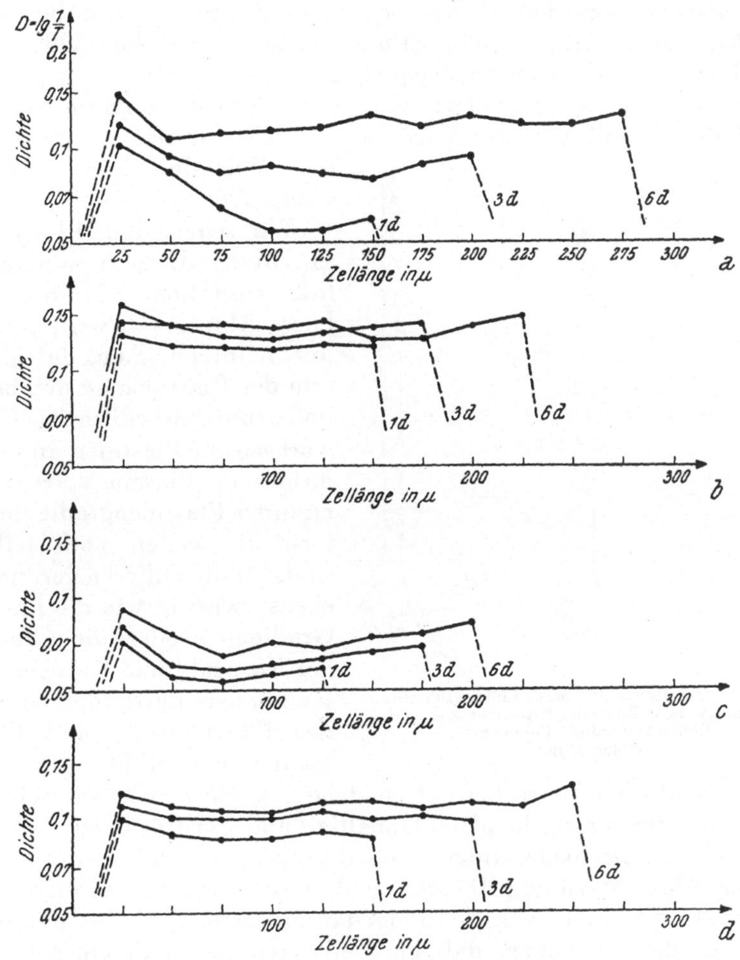

Abb. 50 *a*, *b*. *Cladophora fracta rivularis*. Die Protoplastendichte an lebenden (*a*) und fixierten (*b*) Zellen; 1, 3, 6 Tage nach der Isolation; *c* und *d* entsprechend für lebende (*c*) und tote (*d*) Regenerate von *Rhizoclonium hieroglyphicum*. Abszisse: Länge der gemessenen Zellen in μ. Ordinate: Dichte D = lg $\frac{1}{T}$ (T = Transparenz).

(Nach SCHOSER.)

Mit Cladophoraceen hat SCHOSER entsprechende Untersuchungen durchgeführt. Er bestimmte die Lage des IEP ähnlich wie SCHWANTES mit Akridinorange. D. h. es wurde ermittelt, bei welchem pH-Wert der Umschlag von Grün zu Orange erfolgt. Für *Cladophora fracta* ergab sich, daß der mittlere IEP des Zytoplasmas in der wachsenden Region der Zellen bei pH = 5,9 lag, in den nichtwachsenden Teilen bei 5,3—5,6. Die Differenzen

stark mit der Polarität zusammen, daß das erste mikroskopisch sichtbare
Zeichen der erfolgten Polaritätsinduktion überhaupt dieser Gradient in der
Plastidenanzahl je Volumeneinheit sein kann. Das gilt z. B. für die *Equisetum*-Spore (Abb. 54, Nienburg 1924) und für die Keimschläuche von Farnen (Reuter, Mohr, Abb. 55). Auf die Untersuchungen von Müller-Stoll
an *Enteromorpha* haben wir schon hingewiesen. Auch bei keimenden
Funaria-Sporen läßt sich ein solcher Gradient feststellen. Ohne Schwierigkeit könnten viele weitere Beispiele genannt werden.

Mohr fand bei *Dryopteris* eine ganz enge Korrelation zwischen dem
Grad der Ausbildung der Polarität und der Strenge in der Verlagerung
der Plastiden zum apikalen Pol
(Abb. 55).

Wir sehen, daß sich die Plastiden
in mancher Hinsicht weitgehend ähnlich verhalten wie die Zellkerne.
Diese Ähnlichkeit wird auch noch dadurch unterstrichen, daß das Wachstum der Plastiden an den beiden Zellpolen unterschiedlich ist. Gewöhnlich
wachsen die Plastiden an dem Pol mit
dichterem Plasma stärker. Die genannten Plastidengradienten sind, sofern die Zellen noch teilungsfähig
sind, für die Differenzierungsvorgänge
ebenso wichtig wie die plasmatischen
Gradienten oder die Gradienten in
der Kernzahl und Kernbeschaffenheit.
Es können durch die Gradienten in
der Plastidenzahl und Plastidenbe-
schaffenheit nicht nur Zellen mit

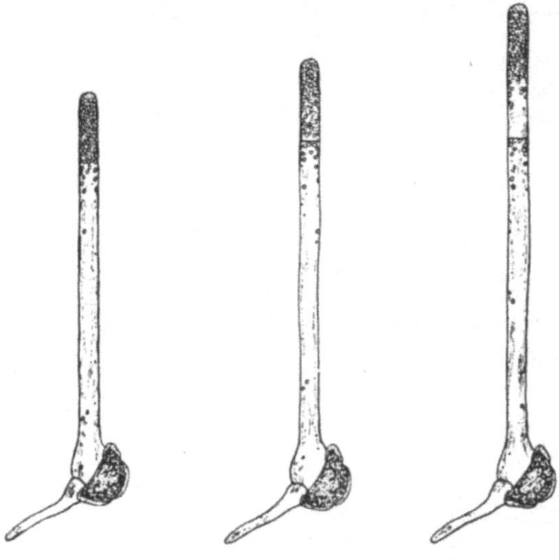

Abb. 55. *Dryopteris filix-mas.* Links: Einzelliges
Chloronema mit Rhizoid. Mitte: junges, rechts
älteres zweizelliges Chloronema.
(Nach Mohr.)

unterschiedlicher Plastidenzahl entstehen, sondern, wie wir sehen werden,
auch eine Sonderung in plastidenhaltige und plastidenfreie Zellen ist möglich. Ja es gibt sogar einige Beobachtungen, die dafür sprechen. daß die
Verlagerung ergrünungsfähiger und nicht ergrünungsfähiger Plastiden
innerhalb der Zelle von der Polarität unterschiedlich beeinflußt wird. So
kann es dazu kommen, daß bei Teilungen der nach einer Richtung ab-
gesonderten Tochterzellen ein größerer Anteil ergrünungsfähiger, in der
anderen Tochterzelle jeweils ein größerer Anteil nicht ergrünungsfähiger
Plastiden liegt. Dadurch kann dann schließlich eine völlige Sonderung ergrünungsfähiger und nicht ergrünungsfähiger Plastiden erreicht werden,
wodurch sich gewisse Fälle der Panaschierung erklären mögen.

e) Polare Wuchsstoffgradienten

Entwicklungsphysiologisch darf als wichtigste durch die Polarität bedingte Verlagerung die der Wuchsstoffe gelten. Es ist bekannt, daß zahl-
reiche Entwicklungsvorgänge von der Polarität des Wuchsstoffstromes abhängen.

Auf die Polarität der Wuchsstoffverteilung in den einzelnen Zellen mußten wir schon mehrfach hinweisen. Es sei aber daran erinnert, daß nicht jeder dieser Wuchsstoffgradienten Folge der Polarität ist, vielmehr umgekehrt allem Anschein nach die Polaritätsinduktion so erfolgt, daß der induzierende Faktor zunächst einen Wuchsstoffgradienten bedingt. Dieser wird dann Ursache für die polare Plasmastruktur, die ihrerseits dann für die dauernde Erhaltung des zunächst natürlich labilen Wuchsstoffgradienten sorgt.

Die strenge Polarität des Wuchsstofftransports in den Zellen ist lange bekannt (vgl. SKOOG, SÖDING, WENT 1932, 1937, WENT und WHITE). Sie gilt bei *Avena*-Koleoptilen für Indolylessigsäure und für Indolacetonitril (BENTLEY und BICKLE). Für andere Wuchsstoffe ist die Polarität geringer (WENT und WHITE), für 2,4-D ist sie nur sehr schwach (THIMANN und LEOPOLD). Eine ausführliche Beschreibung der Phänomene und der Einzeltatsachen über die Polarität des Wuchshormonstromes gehört nicht so sehr in den Rahmen dieser Darstellung. Namentlich JACOBS (1954) hat neuerdings gezeigt, daß ältere Angaben über einen bedeutenden Wuchsstofftransport in beiden Richtungen nicht der Kritik standhalten. Eine neuere Übersicht verdanken wir VAN OVERBEEK. Zum Verständnis der polaren Struktur des Protoplasten wäre es aber wesentlich, diesen polaren Transport selber zu verstehen. Die Versuche, die Polarität des Wuchshormonstromes aus den mit der Polarität zusammenhängenden elektrischen Potentialen zu erklären, sind fehlgeschlagen; denn durch experimentell vorgenommene Änderungen der elektrischen Verhältnisse kann zwar der Wuchshormonstrom beeinflußt werden, die Polarität wird dadurch jedoch nicht beseitigt (CLARK 1937). Ebenso gibt es Faktoren, die den polaren Auxintransport verhindern, ohne die elektrische Polarität zu beeinträchtigen (CLARK 1938).

Die polare Wanderung wird meist erstaunlich streng eingehalten, d. h. sie ist mit der Ausbildung der morphologischen Polarität eng korreliert. Organe mit geringer morphologischer Polarität zeigen auch eine schwächere Polarität des Wuchsstofftransports (vgl. SÖDING). Wenn wir später den Mechanismus des Wuchsstofftransports verstehen, wird wohl auch die Polarität dieses Transports und damit die protoplasmatische Polarität selber verständlich. In dieser Hinsicht ist es zunächst bemerkenswert, daß die Polarität des Wuchsstofftransports durch Äthernarkose aufgehoben wird. Weiterhin bemerkenswert ist die Temperaturabhängigkeit der Transportgeschwindigkeit und der Transportleistung. Ursprüngliche Angaben über eine fehlende Temperaturabhängigkeit der Transportgeschwindigkeit haben sich nicht bestätigen lassen. Der Q_{10}-Wert beträgt etwa 2 (GREGORY and HANCICK, VAN OVERBEEK, 1956). Auch die Hemmung des Wuchsstofftransports durch 2,4-Dichlorphenoxyessigsäure und durch 2,3,5-Trijodbenzoesäure (HAY) verdient bei der weiteren Analyse Beachtung. JACOBS (1954) hat über Fälle berichtet, in denen die Polarität des Auxintransports weniger streng ist. Im *Coleus*-Internodium kann die akropetale Wanderung etwa ein Drittel des Betrags der basipetalen erreichen.

Für die Deutung des polaren Transports, und damit für die Interpretation der Natur der protoplasmatischen Polarität ist es sehr bemerkenswert, daß bestimmte oberflächenaktive Substanzen den polaren Transport verhindern (Clark 1938). Das stimmt mit der auf den vorhergehenden Seiten vertretenen Auffassung über die Lokalisierung der protoplasmatischen Polarität in den Oberflächenschichten des Protoplasten überein. Freilich darf die Tatsache, daß bestimmte Stoffe den Auxintransport hemmen (Niedergang-Kamien und Leopold, 1957), nicht ohne weiteres zu Schlüssen auf die Natur der Polarität dienen.

f) Polare Gradienten anderer Wirkstoffe

Bekanntgeworden sind neben den Wuchsstoffgradienten vor allem die Gradienten von Formbildungsstoffen bei *Acetabularia*. Das Vorhandensein dieser Gradienten ist durch Regenerationsversuche sorgfältig nachgewiesen worden (Abb. 13). Zum protoplasmatischen Polaritätsproblem können diese Beobachtungen aber zunächst nicht viel beitragen. Vor allem sahen wir. daß es für *Acetabularia* ohnehin nicht erwiesen ist, ob die Polarität wirklich vom Typ der stabilen Strukturpolarität ist oder nur eine Gradientenpolarität darstellt (vgl. S. 15). Die aufgefundenen Gradienten sind hier mindestens zum Teil nicht so wie die Wuchsstoffgradienten bei höheren Pflanzen Folge der Strukturasymmetrie, sondern durch die polare Lagerung der Zellkerne bedingt. Das ergibt sich deutlich aus der eingehenden Analyse der Abhängigkeit dieser Stoffe von den Zellkernen.

Es ist fast selbstverständlich, daß alle in den Zellen bestehenden polaren Verlagerungen von Zelleinschlüssen, wie Zellkernen, Plastiden usw., zwangsläufig auch zu Gradienten in Wirkstoffen und anderen Substanzen führen. Auch das kann natürlich für viele morphogenetische Leistungen wichtig sein.

g) Elektrische Gradienten

Zwar sind viele Beispiele von polaren Stoffwanderungen in der Pflanze bekanntgeworden, aber meist sind sie nicht so klar eine Folge der protoplasmatischen Polarität wie die polaren Auxinströmungen. So können sie also zur Aufklärung des Polaritätsproblems hier ebensowenig beitragen wie die in den letzten Zeilen des vorhergehenden Abschnittes angedeuteten Gradienten. Hingewiesen werden muß hier aber schließlich noch auf elektrische Gradienten in der Zelle. Es ist bekannt, daß sich auch in ruhenden Geweben elektrische Potentialdifferenzen vorfinden. Zu einem großen Teil hängen diese aber höchstens mittelbar mit der polaren Plasmastruktur zusammen. Es besteht nämlich oft eine klare Beziehung zu bestimmten physiologischen Leistungen, namentlich zur Wachstumsintensität. Gerade aber darum kann man auch für die in der Einzelzelle bestehenden elektrischen Potentialdifferenzen zwischen apikalem und basalem Pol Zweifel haben. ob sie ganz eng mit der Polarität korreliert sind oder nicht vielmehr eine Folge der Wachstumsgradienten in der Zelle sind. Trotzdem können sie natürlich für andere stoffliche Gradienten wichtig werden. Sie müssen es sogar; denn die elektrischen Potentialdifferenzen führen ja zwangsläufig zu Gradienten elektrisch geladener Teile in der Zelle. So können diese elektrischen Potentialdifferenzen, einerlei ob sie unmittelbar oder nur sehr indirekt durch die Polarität bedingt werden, für die polaren Leistungen wichtig sein. Keinesfalls aber können sie, wie gelegentlich angenommen wurde, als das eigentliche Wesen der Polarität betrachtet werden; denn eine elektrische Potentialdifferenz kann ebensowenig wie ein stofflicher Gradient die charakteristische eigentümliche Stabilität besitzen. Primär muß sie in der einen oder anderen Weise durch eine strukturelle protoplasmatische Asymmetrie bedingt sein.

Wegen dieser grundsätzlichen Bedenken braucht hier auf die diesbezügliche Literatur nur relativ kurz eingegangen zu werden.

Die enge Verknüpfung von elektrischer und physiologischer sowie morphologischer Polarität haben vor allem ROSENE und LUND betont (Abb. 56). WENT (1937) sah in der elektrischen Polarität die Ursache für den polaren Auxintransport und damit für weitere physiologische Polaritätsphänomene. Die Arbeiten von HELLINGA, CLARK, RAMSHORN und THOMAS sowie auch von CHOLODNY und SANKEWITSCH zeigen aber, wie vorsichtig man bei solchen Deutungen sein muß. Diese Arbeiten (vgl. auch JONES und REHM) zeigen, daß keine strenge Beziehung zwischen den elektrischen Potentialen und der physiologischen Polarität besteht, daß die elektrischen Potentiale sogar modifiziert werden können, ohne daß die physiologischen eine entsprechende Änderung erfahren. Offensichtlich sind also die

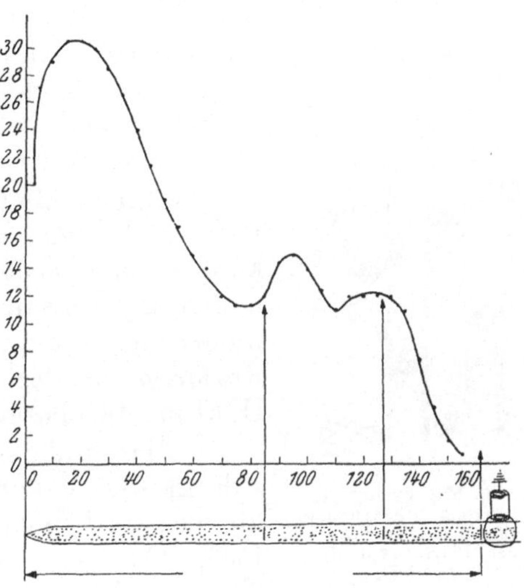

Abb. 56. *Pitophora* sp. Unten schematische Darstellung des Fadens, oben die an einzelnen Punkten der Zelloberfläche gemessenen Ladungen, relativ zur Basis des Fadens.
(Nach LUND.)

elektrischen Gradienten nicht die eigentliche Ursache der Zellpolarität. Sie sind eher als deren Folge anzusehen; aber außerdem auch noch von anderen Faktoren mit abhängig.

Auch neuere Untersuchungen an Gewebekulturen (PILET und MEYLAN) zeigen keine strenge Beziehung zwischen elektrischer und morphogenetischer Polarität.

Da also die Ausbildung der elektrischen Gradienten mit zahlreichen Faktoren zusammenhängt, könnten höchstens Messungen an Einzelzellen zum eigentlichen Polaritätsproblem beitragen. Solche Messungen hat LUND an *Pitophora* durchgeführt. In jeder Einzelzelle eines Fadens läßt sich durch Ableitung an den Zelloberflächen eine polare Verteilung der elektrischen Ladungen nachweisen, die der morphologischen und physiologischen Polarität (speziell der Wachstumsverteilung) parallel geht. Im äußeren Stromkreis sind die einzelnen Zellteile je nach ihrer Entfernung von der Spitze unterschiedlich stark positiv, gemessen gegen die Zellbasis.

Messungen an ganzen Geweben haben neben den obengenannten Autoren in neuerer Zeit u. a. Wilkens und Lund vorgenommen. Aber auch diese Messungen, die den polaren Charakter der elektrischen Gradienten ergaben, zeigen, daß die elektrischen Potentiale nicht die Stabilität haben, die für die eigentliche protoplasmatische Polarität so charakteristisch ist; sie hängen eben von vielen Faktoren ab.

h) Gradienten in der Vakuole

Häufig zeigen auch Einschlüsse in der Vakuole eine deutlich polare Verlagerung. Man muß solche Gradienten wohl als indirekte Folge der zytoplasmatischen Polarität auffassen. Durch die im Zytoplasma bestehenden stofflichen Gradienten, eventuell auch durch die elektrischen Potentialdifferenzen zwischen apikalem und basalem Pol des Protoplasten, können Einschlüsse der Vakuole polar verlagert werden.

Erwähnen können wir etwa die Beobachtungen von Prát an *Codium* und *Cladophora*. Bei diesen Objekten kann es offenbar zu einer polaren Anhäufung von Kolloiden im Zellsaft kommen, die sich entweder in der unterschiedlichen diffusen Färbbarkeit der einzelnen Regionen in der Vakuole oder auch in der polaren Häufung färbbarer Entmischungstropfen äußert.

In Blattepidermiszellen von einigen *Iris*-Arten finden sich in der Vakuole oft quellbare kolloidale Tropfen, die sich stark polar verlagern können (Abb. 57, Bünning 1949). Da diese Tropfen, nach ihrem Verhalten gegenüber verschiedenen Lösungen zu urteilen, elektrisch geladen sind, dürfte die polare Verlagerung in diesem Fall auf die elektrischen Potentialdifferenzen zwischen apikalem und basalem Pol zurückzuführen sein.

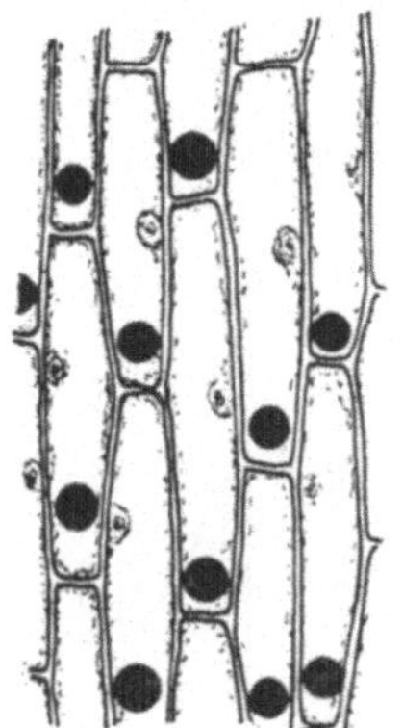

Abb. 57. Polare Verlagerung anthocyanhaltiger Kugeln im Zellsaft der Blätter von *Iris pallida*. (Nach Bünning.)

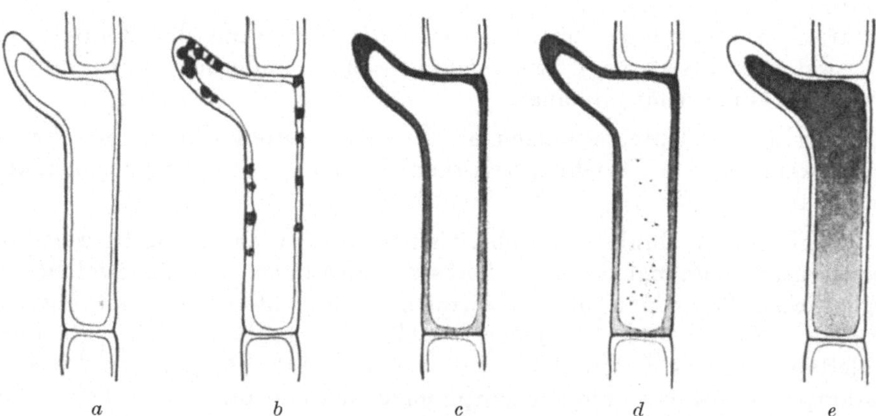

Abb. 58. Verschiedene Typen der Vitalfärbung mit Neutralrot bei einer *Cladophora*: *a* keine Färbung, *b* „Tropfen" im Protoplasma, *c* polare Färbung des Protoplasmas, *d* Teilchen in der Vakuole, *e* polare Färbung der Vakuole.
(Nach Prát 1932.)

Weitere Beispiele für polare Verlagerung von Vakuolen und von Vakuoleneinschlüssen finden sich bei MANGENOT und bei GICKLHORN (Abb. 58).

i) Schlußfolgerungen aus den polaren Verteilungen für das Polaritätsmodell

Der wichtigste Beitrag, den die polaren Verteilungen zur Erkennung der protoplasmatischen Natur der Polarität liefern, ist das Phänomen des polaren Auxintransports. Wir sahen, daß hierfür nicht die elektrischen Potentialdifferenzen verantwortlich gemacht werden können. WENT und THIMANN (vgl. auch THIMANN) schlossen aus den experimentellen Befunden über den Auxintransport, dieser sei mit dem Transport auf einem laufenden Band vergleichbar. Die Vorstellung von GOLDACRE über den Stofftransport durch Formänderungen von Molekülen würden diesem Vergleich gerecht werden. Solche Form- (bzw. Zustands-)änderungen erfordern einen energetischen Aufwand, so daß das Schwinden der Polarität des Transports durch Narkotisierung (VAN DER WEIJ) verständlich ist.

Nach dieser Vorstellung wäre es unwahrscheinlich, daß nur Auxin polar transportiert wird. Tatsächlich ist das Phänomen auch für andere Stoffe beobachtet worden. Es sei etwa auf die Beobachtungen SCHUMACHERS über den polaren Transport von Fluorescein in Haaren von *Cucurbita pepo* verwiesen. Auch die Untersuchungen von OUDMAN und ARISZ über

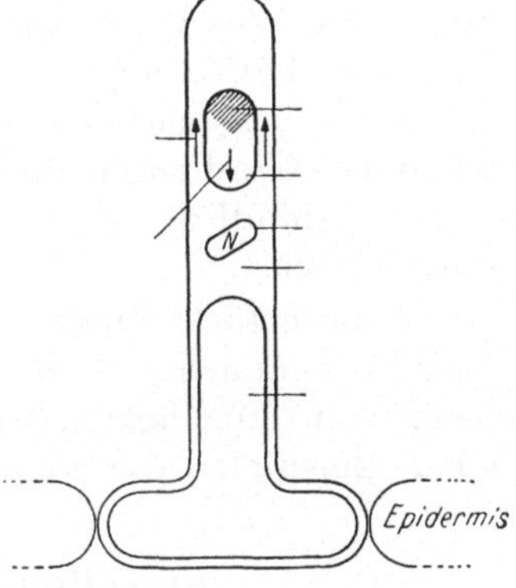

Abb. 59.   Neutralrotakkumulation
in Wurzelhaaren.
(Nach GOLDACRE.)

den Transport von Stoffen im *Drosera*-Tentakel können hier erwähnt werden.

Bei den Versuchen SCHUMACHERS war der Farbstofftransport unabhängig von der Plasmaströmung, seine Richtung konnte ihr entgegengesetzt sein. Anders verhielten sich die von GOLDACRE untersuchten Wurzelhaare. Hier konnte eine polare Neutralrotakkumulation in einer apikalwärts liegenden kleinen Vakuole beobachtet werden (Abb. 59). Dabei war ein deutlicher Zusammenhang mit dem rhythmisch strömenden Plasma erkennbar; mit der im Abstand von etwa 10 min wechselnden Strömungsrichtung wechselte auch die Einlagerung von Neutralrot.

Dieser von GOLDACRE gefundene Zusammenhang kann nicht als Beispiel für die eigentlichen Polaritätserscheinungen der Zelle gewertet werden. Die Plasmaströmung zeigt ja keine strenge Beziehung zur Polarität, und aus den Beobachtungen SCHUMACHERS folgt, daß eine völlige Unabhängigkeit zwischen polarem Stofftransport und Plasmaströmung bestehen kann. Aber jene Vorgänge in den Wurzelhaaren können doch als lebendes Modell für die eigentlichen Polaritätsphänomene dienen. Was im genannten Beispiel im Bereich der kleinen Vakuolen stattfindet, könnte im Bereich der ganzen Zelle in ähnlicher Weise in peripheren Plasmaschichten ablaufen.

7. Inäquale Teilungen als Folge der polaritätsbedingten Gradienten innerhalb der Zelle

a) Bedeutung inäqualer Teilungen für das Differenzierungsgeschehen

Die Polarität ist notwendige Voraussetzung für die Differenzierung der pflanzlichen Gewebe (Bünning 1952 b, 1955, 1956). Ohne Polarität bilden sich nur undifferenzierte Gewebehaufen wie in Tumoren oder bei anderen Fällen pathologischen Wachstums, über die wir gesprochen haben. Die Differenzierung kann aber auf sehr verschiedene Weise von der Polarität abhängen. Eine wichtige Abhängigkeit ist die durch die Inäqualität von Zellteilungen bedingte. Die Kernteilung ist bekanntlich zumeist, jedenfalls hinsichtlich der Chromosomverteilung, äqual; aber das übrige Zellmaterial wird sehr häufig ungleich auf die Tochterzellen verteilt. Das ist nicht mehr verwunderlich, nachdem wir im vorhergehenden Abschnitt gesehen haben, wie viele Gradienten die Polarität in den Zellen bedingt. Es ist also fast selbstverständlich, daß Zellteilungen oft mehr oder weniger inäqual sein müssen.

Es kann nicht unsere Aufgabe sein, hier einen ausgedehnten Überblick vom Vorkommen inäqualer Teilungen im Pflanzenreich zu geben. Das wäre mehr vom morphogenetischen Interesse. Wir wollen nur an einigen typischen Beispielen die wesentlichen Möglichkeiten erörtern.

b) Teilungen in voll embryonalen Zellen

Zunächst muß darauf hingewiesen werden, daß fast jede Teilung, die eine embryonale Zelle am Vegetationspunkt, in einer Scheitelzelle oder in einem Kambium vollzieht, inäqualer Natur ist. Äqual sind Teilungen in solchen Zellen nur, wenn die Teilungswand parallel zur Polaritätsachse steht, also etwa bei der Verdoppelung von Scheitelzellen, bei der gelegentlichen radialen Teilung von Kambiumzellen im Zuge zunehmendem Dickenwachstum usw. Bei den meisten Teilungen der embryonalen Zellen wird je eine Zelle, die voll embryonal bleibt, von einer anderen getrennt, die höchstens noch eine begrenzte Anzahl von Teilungen durchführen kann und dann zur Differenzierung schreitet. Worin dieser ungleich verteilte Faktor für Embryonalität besteht, können wir noch nicht sagen. Gerade in den Zellen der eigentlichen Meristeme können wir morphologisch durchaus nicht immer deutliche Gradienten feststellen. Wichtig, vielleicht am wichtigsten, ist bei der genannten Inäqualität wohl die ungleiche Verteilung von Mikrosomen. Allerdings sind diese Mikrosomen gerade in Meristemzellen noch nicht eingehender untersucht worden; aber aus Beobachtungen an älteren Zellen dürfen doch immerhin solche Vermutungen abgeleitet werden. Die Mikrosomen im Sinne der neueren Terminologie sind bekanntlich submikroskopischer Natur (im Gegensatz zu den mikroskopisch sichtbaren, jetzt als Sphärosomen bezeichneten Einschlüssen des Zytoplasmas: vgl. Frey-Wyssling). Die Mikrosomen enthalten reichlich Ribosenukleinsäure.

Außerdem zeichnen sie sich durch den Besitz bestimmter Enzyme aus. Beide Eigentümlichkeiten legen natürlich die Schlußfolgerung nahe, daß die Anzahl Mikrosomen in der Volumeneinheit des Zytoplasmas für die Lebhaftigkeit bestimmter Stoffwechselprozesse wichtig ist. Der hohe Nukleinsäuregehalt legt einen Zusammenhang mit der Synthese bestimmter Eiweiße nahe. Man könnte meinen, daß eine ungleiche Verteilung der Mikrosomen aber doch höchstens zu quantitativen Verschiedenheiten der Leistungen in den beiden Tochterzellen führen kann. Dem ist aber nicht so. Es hängt ja nicht das ganze Zellgeschehen nur von den Mikrosomen ab. Ein unterschiedliches Mengenverhältnis zwischen den von den Mikrosomen abhängigen und den nicht oder weniger von ihnen abhängigen Stoffwechselvorgängen in der Zelle muß zwangsläufig auch zu einer qualitativen Differenzierung führen. Obwohl wir über die Mikrosomen noch verhältnismäßig wenig wissen (vgl. Frey-Wyssling), spricht doch manches für ihre Bedeutung bei der genannten Inäqualität. Namentlich können auch Erfahrungen an tierischen Geweben herangezogen werden. An solchen Geweben ist mehrfach eine Bedeutung der Mikrosomenmenge für die Qualität der Leistungen und auch eine Bedeutung ungleicher Mikrosomenverteilungen für Differenzierungsleistungen gefunden worden.

Es ist nicht ausgeschlossen, daß ungleiche Mikrosomenverteilungen in allen Fällen das Wichtigste bei inäqualen Teilungen sind, alle weiteren Verschiedenheiten im Verhalten der protoplasmatischen Elemente, der Zellkerne und der Plastiden, also Folge dieser primären Gradienten sind.

Hiernach müßten wir annehmen, daß schon in der meristematischen Zelle am „embryonaleren" Pol eine stärkere Mikrosomenanhäufung und daher eine stärkere Eiweißsynthese stattfindet. Tatsächlich kann man etwa an Scheitelzellen die größere Plasmadichte des apikalen Pols gelegentlich schon mikroskopisch erkennen (vgl. auch S. 54. Abb. 47).

c) Teilungen in älteren Zellen

Viel besser lassen sich inäquale Teilungen studieren, die in älteren Zellen ablaufen. Die Zellteilungen setzen sich ja in dem vom Meristem abgetrennten Zellen noch eine gewisse Zeit fort und sehr häufig ist es dabei so, daß eine der letzten Teilungen inäqualer Natur ist und damit gewisse Differenzierungen einleitet.

Ein bekanntes Beispiel für inäquale Teilungen ist die Pollenkornmitose. Hier haben wir es auch mit einer Teilung zu tun, die ähnlich wie die in den Meristemen ablaufenden zu einer Zelle geringerer Embryonalität (vegetative Zelle) und einer anderen größerer Embryonalität (generative Zelle) führt. Der für die Inäqualität wichtige plasmatische Gradient äußert sich zunächst darin, daß sich der Kern vor seiner Teilung einem Pol nähert. Dann entsteht eine der Wand genäherte kleine Zelle, deren Plasma fast ganz aus der umgewandelten Teilungsspindel hervorgeht (Geitler 1955) sowie eine größere Zelle mit ribosenukleinsäurereichem Plasma. Die größere Embryonalität der kleineren (generativen) Zelle äußert sich in einer größeren Plasmadichte und ihrer Teilungsfähigkeit (Abb. 60). Der generative Kern bleibt klein und er zeichnet sich durch dichten chromatischen Bau (d. h. stärkere Chromatinsynthese) aus; der Nukleolus ist relativ klein. Der Kern der vegetativen Zelle ist groß, locker gebaut und hat einen größeren Nukleolus. Diese Verschiedenheit der Kerne beruht darauf, daß sie während der Mitose in ein unterschiedliches Plasma gelangen. Nach der Sonderung der beiden Zellen durch die Wand verliert

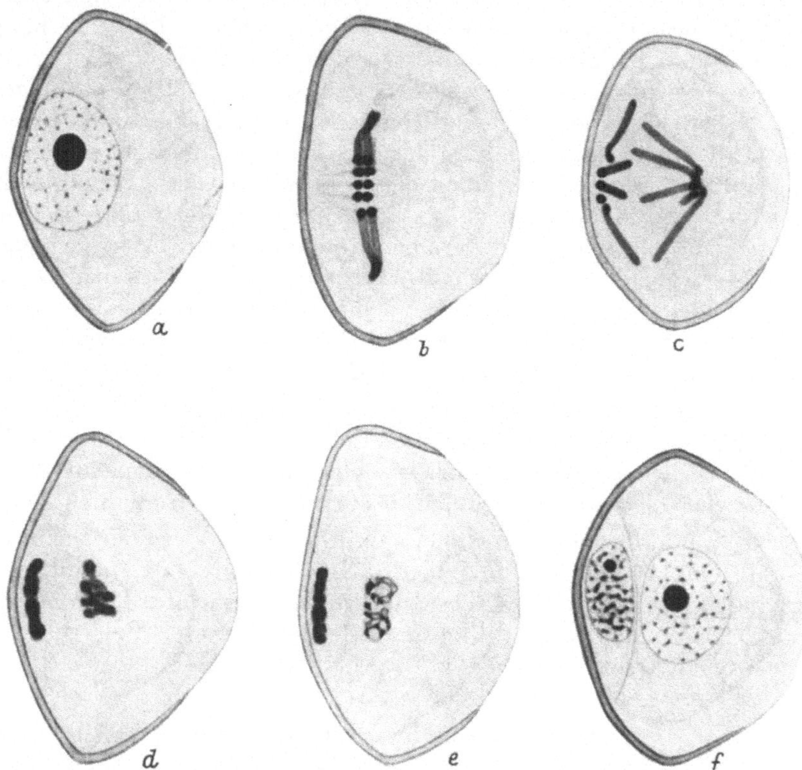

Abb. 60. Pollenmitose von *Gasteria cheilophylla:* Wandständige Lage des Kerns (*a*) und daher der Spindel und Metaphaseplatte (*b*), Asymmetrie der Anaphase (*c*) und verschiedene Rekonstruktion der Tochterkerne (*d—f*). — Ausstrich, Flemm.-Benda, etwa 1150fach. (Nach Geitler.)

der vegetative Kern seine Färbarkeit immer mehr, d. h. er zeigt eine starke Abnahme seines Nukleinsäuregehalts. Die beiden Kerne sind zunächst insofern gleich, als sie während der Mitose eine gleiche Chromatinmenge erhalten. Unterschiedlich werden sie erst, weil der generative Kern in eine kleine Menge dichteren, der vegetative Kern in eine größere Menge weniger dichten, stark vakuolisierten Zytoplasmas gelangt. Das Zytoplasma selber nimmt in der vegetativen Zelle an Färbarkeit zu, während es in der generativen Zelle weniger färbbar wird. Diese unterschiedliche Plasmavermehrung, welche aus der unterschiedlichen Änderung der Färbarkeit spricht, ist offensichtlich durch eine größere bzw. geringere Quantität von Ribosenukleinsäure bedingt. Gerade bei diesen Objekten ist die unterschiedliche Verteilung der Ribosenukleinsäure durch färberische Methoden exakt nachgewiesen worden (vgl. GEITLER 1935, 1955, BRYAN, SAX und EDMONDS, HAGERUP, PINTO-LOPES, SUITA, LA COUR). Im einzelnen können wir hierbei die Wechselbeziehung zwischen Plasma und Kern noch nicht übersehen; wir wissen auch nicht, welches eigentlich die Ursache für den Gradienten der Ribosenukleinsäure ist. Aber die Ähnlichkeit zu den inäqualen Teilen in Meristemen ist doch auffällig und man könnte vermuten, daß auch hier wieder eine ungleiche Verteilung von Mikrosomen ausschlaggebend ist.

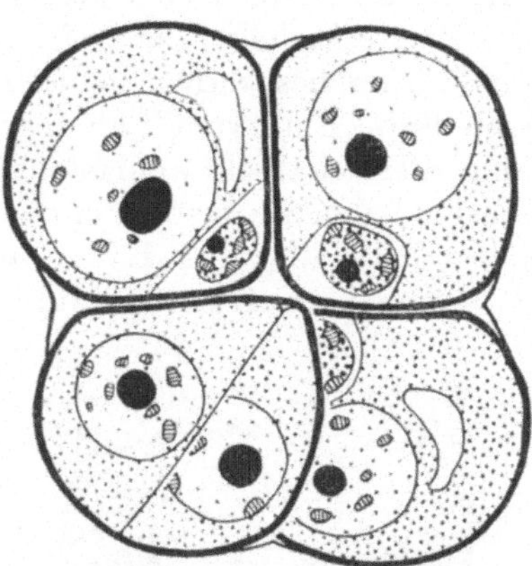

Abb. 61. *Scilla sibirica*. Fehlende Differenzierung in einem der vier Pollenkörner infolge abnormer Lage der Teilungsspindel.
(Nach LA COUR.)

Wie sehr der gesuchte Gradient eine Folge der Polarität ist, kann man daraus erkennen, daß die Pollenkornmitose zur Bildung von zwei gleichartigen Zellen führt, wenn die Teilungsspindel nicht die normale Orientierung aufweist, sondern senkrecht zu ihr liegt, also die beiden Tochterkerne in eine gleichartige Umgebung gelangen (SAX und HUSTED, Abb. 61).

Auf die Faktoren, welche die Polaritätsachse im ungeteilten Pollenkorn determinieren, sind wir schon eingegangen.

Im Anschluß an diese Pollenkornmitose könnten wir die in mancher Hinsicht so überaus ähnlichen Teilungen in den Sporen von Archegoniaten besprechen. Bei diesen inäqualen Teilungen kommt aber zu den genannten Faktoren offenbar auch noch eine ungleiche Verteilung der Plastiden hinzu, die ebenfalls für das unterschiedliche Schicksal der beiden Tochterzellen wichtig ist. Die weiteren Verschiedenheiten im Schicksal der durch diese inäquale Teilung entstanden Zellen brauchen hier nicht im einzelnen besprochen zu werden. In mancher Hinsicht wichtig ist vielleicht noch ein Hinweis auf die inäqualen Teilungen, die zur Bildung von Trichoblasten führen. Untersucht worden ist dieser Vorgang u. a. von SINNOTT und BLOCH (1939).

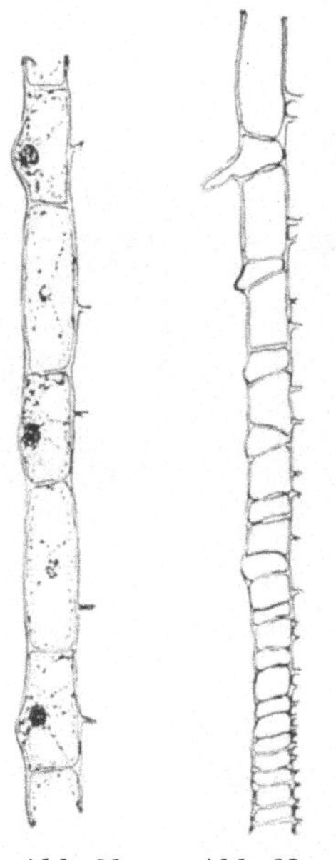

Abb. 62.   Abb. 63.

Abb. 62. Wurzelhaarbildung bei *Zea mays*. Die Wurzelhaarinitialen enthalten mehr Cytoplasma und größere Kerne als die übrigen Rhizodermiszellen.
(Nach BÜNNING.)

Abb. 63. Wurzellängsschnitt von *Cyperus papyrus*. Wurzelhaarbildung. Wurzelhaare bildende Zellen wachsen stark in die Länge.
(Nach BÜNNING.)

Die Wurzelepidermis bildet bekanntlich bei vielen Pflanzen ein Zellmosaik, das sich aus Haarbildnern (Trichoblasten) und gewöhnlichen Zellen (Atrichoblasten) zusammensetzt. Diese Rhizodermisdifferenzierung erfolgt schon in der Nähe des Scheitels (Abb. 62, 63). Die Inäqualität der hierzu führenden Teilung kommt in mehreren Unterschieden der beiden Tochterzellen zum Ausdruck. Die Trichoblasten sind kleiner, haben aber ein dichteres

Plasma als die Atrichoblasten. Ähnlich wie bei der Differenzierung im Pollenkorn ist auch hier der Kern in der kleineren Zelle stärker färbbar als der andere. Die ungleiche Plasmaverteilung ist oft schon vor der Mitose erkennbar. Auch in der Kerngröße zeigen sich Unterschiede. Man könnte den Eindruck haben, daß sich dieser Fall inäqualer Teilung wesentlich von den vorher besprochenen unterscheidet, insofern, als sich hier keine unterschiedliche Embryonalität der Tochterzellen kundtut. Jedoch kommt diese auch hier sehr wohl wenigstens in einigen Fällen zum Ausdruck: Die Trichoblasten können z. B. bei *Potamogeton*-Arten neue Teilungen in den darunterliegenden Zellen der Exodermis induzieren, so daß sich dann unter den Trichozyten Kurzzellen bilden (Tschermak-Woess und Hasitschka 1953).

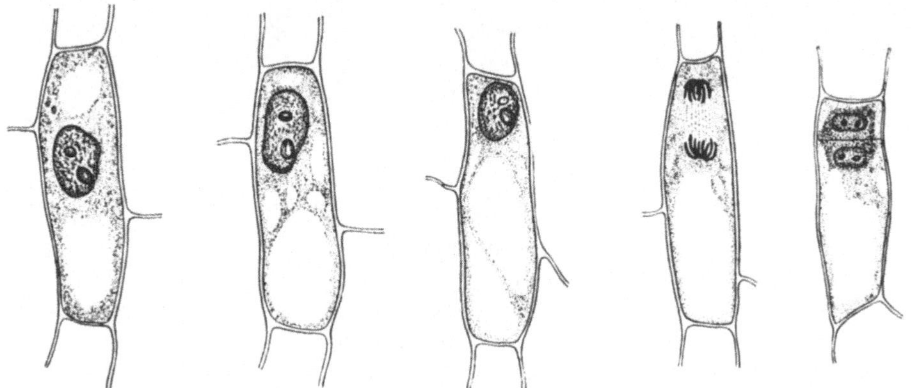

Abb. 64. Inäquale Teilung bei der Bildung der Spaltöffnungsmutterzelle im jungen Blatt von *Allium cepa*.
(Nach Bünning und Biegert.)

Bei *Ceratopteris thalictroides* aber teilen sich sogar die Trichozyten selber wiederholt, so daß sie nachher in langen Reihen liegen. In anderen Fällen sind Zweiteilungen der Trichoblasten beobachtet worden.

Eine besondere Inäqualität im Verhalten der beiden Tochterzellen hat Geitler bei *Trianea bogotensis* beschrieben. Die Trichoblasten enthalten hier große Kerne, die wahrscheinlich 32ploid sind. Der Trichoblast führt hier anscheinend ebenso viele Endomitosen durch wie die Schwesterzelle normale Mitosen mit Zellteilungen.

Etwas genauer untersucht worden sind die inäqualen Teilungen, die zur Spaltöffnungsbildung führen. Namentlich bei Monokotylen können sich die Spaltöffnungsmutterzellen ganz ähnlich entwickeln wie die Trichoblasten in den oben genannten Fällen (Abb. 64). Am einfachsten ist die Spaltöffnungsentstehung, wo sich einfach eine junge Epidermiszelle des Blattes in zwei Tochterzellen teilt, von denen die eine klein aber plasmareich, die andere größer und plasmaärmer ist. Die kleinere Zelle enthält auch hier wieder den stärker färbbaren Kern, und auch hier ist, wenigstens in einigen Fällen, die Ausbildung einer polaren Plasmaanhäufung schon vor der Teilung erkennbar. Die Spaltöffnungsmutterzelle führt bekanntlich regelmäßig noch eine weitere Teilung durch, die natürlich, da die Wand parallel zur Polaritätsachse liegt, wieder äqualer Natur ist. Der embryonale Charakter der kleineren Zelle äußert sich aber nicht nur in dieser Teilung, sondern, ähnlich wie wir es für die Trichozyten von *Potamogeton*-Arten sahen, darin, daß in der Nachbarschaft neue Teilungen induziert werden können. Diese werden im Falle der Spaltöffnungsanlagen zu den Spaltöffnungsnebenzellen. BÜNNING und BIEGERT suchten nach protoplasmatischen Gradienten, die vor oder wenigstens während der inäqualen Teilung auftreten. Das Plasma ist in den jungen Epidermiszellen zunächst gleichmäßig verteilt; später erst, als Einleitung zu der inäqualen Teilung, stellen sich Ungleichmäßigkeiten ein. An dem Pol, der die Spaltöffnungsmutterzelle bildet, wird dichteres Plasma deutlich. Die Frage, ob es sich hierbei in erster Linie um eine Verschiebung oder aber um eine Neubildung von Plasma handelt, läßt sich nicht ganz eindeutig beantworten. Allem Anschein nach ist beides beteiligt. Mit der Zunahme der Plasmadichte beim Beginn der inäqualen Teilung werden auch Änderungen der Nukleolus- und Korngröße erkennbar. Namentlich zeigt sich eine relativ starke Vergrößerung der Nukleoli, die auf ein intensiviertes Plasmawachstum hindeuten. Es fragt sich nun, ob die unterschiedliche Plasmamenge an den beiden Polen einen ausreichenden Erklärungsgrund für das unterschiedliche Schicksal

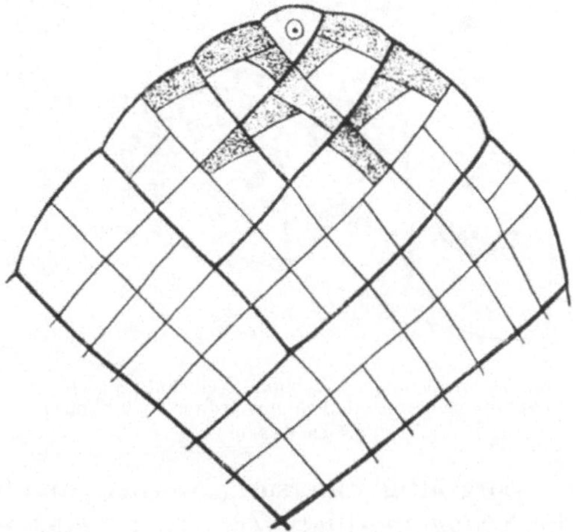

Abb. 65. Schema für den Ablauf der inäqualen Teilungen im Blatt von *Sphagnum*. Man sieht, daß jede der rhombischen Ausgangszellen zwei kleinere Zellen im Zuge inäqualer Teilungen abtrennt. Die beiden kleineren Zellen werden Chlorophyllzellen, die größere wird zur Hyalinzelle. (Nach ZEPF.)

der beiden Tochterzellen abgibt. Dafür könnten die Versuche MIEHES sprechen, nach denen sich durch Zentrifugierung erreichen läßt, daß Zellen vom Typ der Mutterzellen am anderen Pol entstehen. Etwas Ähnliches haben auch BÜNNING und BIEGERT erreicht, jedoch zeigte sich bei diesen Untersuchungen, daß es nicht bis zur Bildung von Schließzellen kam, bei Beendigung des Zentrifugierens wuchsen nämlich die am „falschen" Pol entstandenen kurzen Zellen wieder aus; d. h. die alte Polarität macht sich dann wieder bemerkbar (vgl. S. 30). Daraus folgt zumindest, daß MIEHES Schluß, die Polarität sei in seinen Versuchen umgekehrt worden, nicht richtig ist. Es folgt aber noch nicht daraus, daß nicht die unterschiedliche Plasmamenge die unterschiedliche Differenzierungsweise der beiden Tochterzellen erklären kann. Dazu müßte die Zentrifugierung über mehrere Tage hindurch fortgesetzt werden, um jene Rückwanderung zu verhindern.

Schöne Beispiele von inäqualen Teilungen mit ungleichem Schicksal der Tochterkerne hat GEITLER (1951, 1953, 1954) für Diatomeen beschrieben. Wo bei diesen „Innenschalen" gebildet werden, beruht das auf extrem inäqualen Teilungen. Eine der Tochterzellen bekommt nur überaus wenig Zytoplasma und keinen Chromatophor, der Kern geht mit der Zelle zugrunde.

Weiterhin kommen bei allen Diatomeen inäquale Teilungen ohne Cytokinese vor, nämlich bei der Entstehung der ersten und zweiten Schale der sich aus den Zygoten bzw. Auxosporen bildenden Erstlingszellen. Besonders interessant ist dabei der Fall von *Cocconeis*. Die Neubildung der Schalen in den aus den Auxosporen hervorgehenden Erstlingszellen ist mit dem Ablauf von zwei Mitosen verknüpft. Jede dieser Mitosen liefert einen überlebenden und einen pyknotischen Tochterkern. Die Zytokinese unterbleibt wieder. Im Anschluß an die erste und zweite Telophase bildet sich die erste und zweite Schale. Die Kerne wandern zur Stelle der Membranbildung. Da aber mindestens der degenerierte Kern keine physiologisch aktiven Fähigkeiten mehr haben dürfte, schließt Geitler, daß der primäre Vorgang die Plasmabewegung ist.

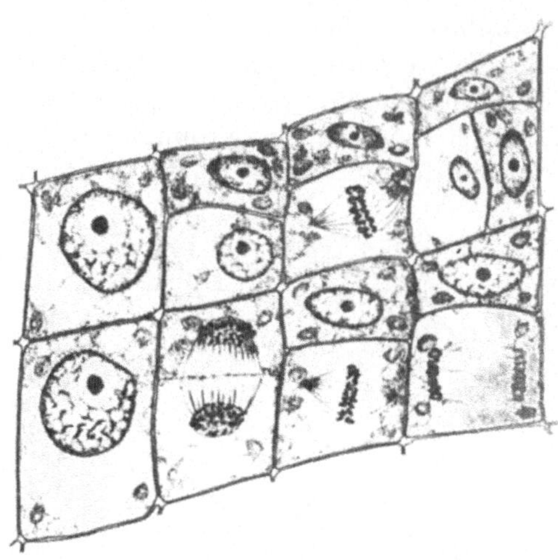

Abb. 66. *Sphagnum cymbifolium.* Ausschnitt aus einem Blatt mit mehreren Stadien der inäqualen Teilungen. (Nach Zepf.)

Sorgfältig untersucht worden sind weiterhin die inäqualen Teilungen im *Sphagnum*-Blatt (Zepf). Bei *Sphagnum* laufen bekanntlich inäquale Teilungen ab, durch die sich die jungen Blattzellen in Hyalinzellen und Chlorophyllzellen differenzieren (Abb. 65). Vor den inäqualen Teilungen sind hier keine Unterschiede in der Beschaffenheit der beiden Zellpole erkennbar. Wenn sich als Einleitung zur inäqualen Teilung der Ruhekern auflöst, wird die apikale Plasmaverdichtung deutlich (Abb. 66 und 67). Nach Ausbildung der Spindel wird sie noch deutlicher und nimmt während der Teilung fortgesetzt zu. Durch Färbeversuche ließen sich Verschiedenheiten im Plasma der

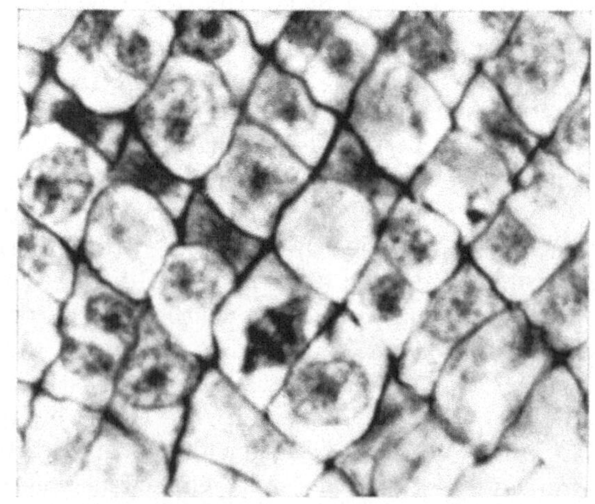

Abb. 67. *Sphagnum cymbifolium.* Inäquale Teilungen im Blatt mit sichtbaren Plasmaanhäufungen an den apikalen Zellpolen. (Original Zepf.)

beiden Pole nachweisen. Das apikalwärts angehäufte Plasma absorbiert bevorzugt basophile Farbstoffe wie Toluidinblau und Methylgrün. Im übrigen Plasma werden acidophile Farbstoffe wie Eosin und Säurefuchsin stärker absorbiert. Das Vermögen zur Speicherung der basophilen Farbstoffe am

apikalen Pol, der das dichtere Plasma zeigt und späterhin die Chlorophyllzellen entstehen läßt, spricht für eine starke Eiweißsynthese an diesem Pol.

Bemerkenswert ist noch ein Phänomen, welches auch bei der Bildung der
Spaltöffnungsmutterzellen gelegentlich zu beobachten ist, nämlich die Tat-

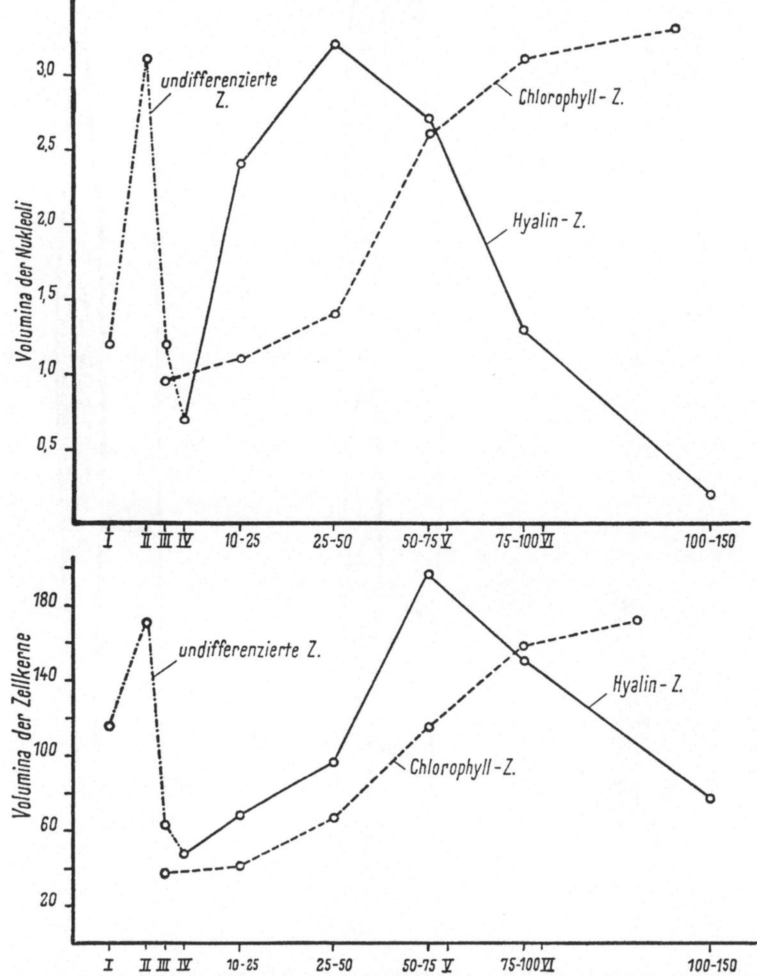

Abb. 68. Verhalten der Zellkerne und der Nukleoli während der inäqualen Teilung im *Sphagnum*-Blatt. Die arabischen Zahlen an der Abszisse geben die Länge der Hyalinzellen in μ an. Die römischen Zahlen bedeuten folgende Entwicklungsstadien: *I* Zellen noch quadratisch (vor den inäqualen Teilungen); *II* Zellen rhombisch; *III* nach der 1. inäqualen Teilung; *IV* nach der 1. inäqualen Teilung; *V* Beginn der Bildung von Wandversteifungen; *VI* Beginn der Ausbildung von Membranporen. Oben: Änderung der Nukleolusvolumina; unten: Änderung der Kernvolumina.
(Nach ZEPF [verändert.])

sache, daß die Nukleoli bevorzugt zum apikalen Pol gerichtet sind. Das
könnte die Vermutung entstehen lassen, daß primär diese Ausrichtung der
Nukleoli wichtig ist und dadurch dann zwangsläufig die stärkere Synthese
von Eiweiß an den betreffenden Pol, zu dem der Nukleolus zeigt, möglich
wird. Sowohl für diese Differenzierung im *Sphagnum*-Blatt als auch für die
Bildung der Spaltöffnungsinitialen muß schließlich noch auf das Verhalten

der Plastiden hingewiesen werden. Wenn bei beiden Typen eine der Tochterzellen frei von Chromatophoren bleibt, so liegt das nicht etwa daran,

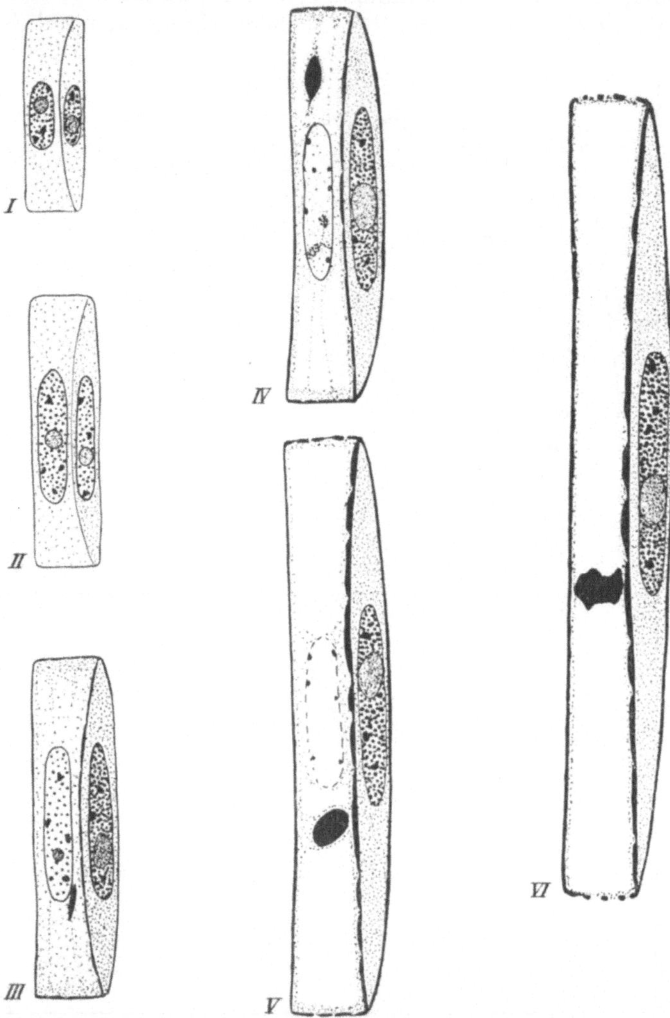

Abb. 69.   Halbschematische Darstellung der Entwicklung eines Siebröhrengliedes mit zugehöriger Geleitzelle. Stad. *I*. Verschiedene Form und Größe der Zellen und Kerne. Sonst keine morphologischen Unterschiede. Stad. *II*. Beginn des Zell- und Kernwachstums, Plasmaunterschied. Stad. *III*. Plasmaunterschied stärker, Ansammlung an den Polen des Siebröhrengliedes. Kern der Geleitzelle hyperchromatisch. Tüpfel an den Quer- und Längswänden, „Schleimkörper"bildung beginnt. (Geringe Doppelbrechung der Zellulosewand des Siebröhrengliedes.) Stad. *IV*. Plasmaunterschied sehr auffallend. Im Siebröhrenglied Vakuolisierung und Plasmastränge. Beginnende Auflösung des Kerns des Siebröhrengliedes. Geleitzellenkern heranwachsend. „Schleimkörper" vergrößert. (Doppelbrechung stärker, an den Zellenden noch wie unter *III*.) Stad. *V*. Kern des Siebröhrengliedes fast aufgelöst. Teilweise Perforation der Siebplatte. „Schleimkörper" oval bis kugelig. Geleitzelle unverändert. (Doppelbrechung sehr stark, aber noch nicht gleichmäßig über die ganze Wand.) Stad. *VI*. Endgültige Ausdifferenzierung und Streckung. Plasma in dem Siebröhrenglied nur als dünner Wandbelag. Der Kern vollkommen aufgelöst. Die Siebporen vollständig durchbrochen. „Schleimkörper" sehr groß und gelappt. (Doppelbrechung über die ganze Zellwand gleich stark, Schraubenstruktur.) Anmerkung: Der dargestellte Längenzuwachs entspricht nur den Verhältnissen in der Streckungszone der Sproßachse.

(Nach Resch.)

daß die Plastiden nur in die jeweils kleinere Zelle gelangen. Gerade bei *Sphagnum* ließ sich deutlich beobachten, daß beide Tochterzellen in gleicher

Weise mit Plastiden ausgestattet werden. Aber unmittelbar nach der Teilung, d. h. fast gleichzeitig mit der Anlage der neuen Zellwand, beginnen bei *Sphagnum* die Plastiden in der künftigen Chlorophyllzelle (die sich noch teilen kann) stark zu wachsen, in der anderen Tochterzelle hingegen degenerieren die Plastiden. Nach der Ausbildung der Wand werden die Unterschiede in der Beschaffenheit des Zytoplasmas deutlich. In den Chlorophyllzellen ist es dicht und homogen, in den Hyalinzellen schaumig. Im Verhalten der Zellkerne sowie der Nukleoli unterscheiden sich die beiden Tochterzellen auch während der weiteren Entwicklung stark (Abb. 68). In den Chlorophyllzellen nimmt die Kerngröße mit dem Zellwachstum fortgesetzt zu, in den Hyalinzellen aber verringert sich das Volumen bald. Es ist ohne Schwierigkeit möglich, dieses Verhalten der Kerne mit der unterschiedlichen Plasmadichte zu erklären. Übrigens konnte gerade für *Sphagnum* durch die Untersuchungen Zepfs nachgewiesen werden, daß mit der Differenzierung nicht etwa ein Verlust von Potenzen verbunden ist; denn bei Regenerationsversuchen zeigte sich, daß auch die junge Hyalinzelle noch wieder zu einem Protonema auswachsen kann, welches sich in seinen Fähigkeiten in keiner Weise von einem normalen Protonema unterscheidet.

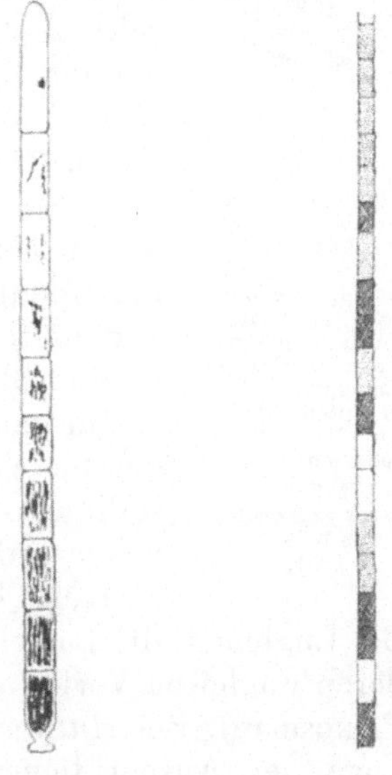

Abb. 70. *Oedogonium.* Links ein aus 10 Zellen bestehender Keimling. Stetige Abnahme der Plastidenausstattung von unten nach oben. Rechts Stück eines langen Fadens. In der 19 Zellen messenden Strecke wiederholt sich der Wechsel von normalgrünen und blaßgrünen Stellen fünfmal. Der Grad der Plastidenausstattung wird durch gekreuzte Strichlagen, durch Punktierung und leergelassene Felder schematisch angedeutet. (Nach Beyrich.)

Die inäquale Teilung, welche zur Differenzierung von Siebröhren und Geleitzellen führt, untersuchte Resch. Die beiden Telophasenkerne unterscheiden sich in ihr nur wenig (Abb. 69). Erst nach der Zellwandbildung werden die Unterschiede zwischen den beiden Zellen und ihren Kernen deutlich. Und erst relativ spät wird eine intensive Färbbarkeit des Geleitzellenplasmas erkennbar. Schließlich wird auch deren Kern stärker färbbar, zuletzt so stark, daß er dicht mit Chromonema gefüllt erscheint, während der Kern der künftigen Siebröhre sich in seiner Färbbarkeit nicht von denen des umgebenden Parenchyms unterscheidet. In der Geleitzelle findet sich eine starke Plasmaneubildung, auch hier verbunden mit vergrößertem Nukleolus. Das Siebröhrenglied wird plasmaärmer. Resch betont, daß, im Gegensatz etwa zur Pollenkornmitose, die Unterschiede in der Kern- und Plasmadichte erst im Verlauf des weiteren Zellwachstums deutlich werden. Die Inäqualität ist also morphologisch zunächst viel stärker verdeckt als bei den bisher besprochenen Fällen inäqualer Teilung.

Will man es wagen, hieraus einen allgemeineren Schluß für inäquale Teilungen überhaupt zu ziehen, so würde man zu dem Ergebnis kommen, daß das Primäre nicht eine Verschiebung von Zytoplasma ist, sondern nur eine ungleiche Verteilung der Zytoplasmabildungsfähigkeit, beruhend etwa in einer ungleichen Verteilung der Mikrosomen.

Neben den oben besprochenen Fällen ist nun aber sehr wohl die Möglichkeit gegeben, daß sichtbare Einschlüsse inäqual verteilt werden und dadurch das unterschiedliche spätere Schicksal der beiden Tochterzellen determiniert wird. Vor allem kann auf die ungleiche Plastidenverteilung verwiesen werden. Einmal kann sie bei pathologischen Differenzierungen im Spiel sein. Einen solchen Fall hat Beyrich beschrieben (Abb. 70). Bei *Oedogonium*-Kulturen bildeten sich bunte Fäden, in denen einige Zellen normalen grünen Inhalt hatten, andere blaß waren. Die ungleiche Verteilung entsteht infolge polarer Plastidenverteilung, wobei dann jeweils die apikale Hälfte der geteilten Zelle plastidenarm oder plastidenfrei blieb, die basale plastidenreich. Solche Entmischungen können, wie wir bereits andeuteten, auch bei höheren Pflanzen an der Entstehung bunter Blätter beteiligt sein.

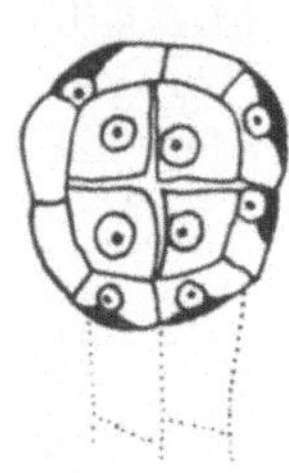

Abb. 71. Inäquale Teilung der Plastiden bei *Anthoceros*. Bei der Entstehung des spermatogenen Gewebes durch perikline Teilungen der Oktanten erhält nur die äußere Zelle einen Plastiden.
(Nach Scherrer aus Küster 1951.)

Im normalphysiologischen Geschehen spielt eine solche ungleiche Verteilung möglicherweise eine Rolle für die Herstellung des unterschiedlichen Plastidengehaltes in Chloronema und Rhizoid bei Moosen und Farnen.

Kurz hingewiesen sei hier nur noch auf folgende Fälle: Bei Euglenen, die nur einen oder wenige Plastiden enthalten, kann es durch deren ungleiche Verteilung zur Bildung farbloser Formen kommen (Ternetz, Pringsheim). Bei *Anthoceros* bilden sich im Zuge der Antheridienentwicklung Oktantenzellen (Abb. 71). Diese haben an der Außenwand je einen Plastiden. Bei der anschließenden Zellteilung trennt sich die künftige Wandzelle des Antheridiums von der Mutterzelle des spermatogenen Gewebes. Der Chloroplast wird aber nicht mehr geteilt; er kommt vielmehr vollständig in die Wandzelle (Scherrer). Ein weiterer Fall ungleicher Plastidenverteilung ist in Abb. 72 dargestellt.

Sehr häufig aber ist, wie wir schon am Beispiel des *Sphagnum*-Blattes sahen, die ungleiche Ausrüstung von Tochterzellen mit Plastiden nicht auf ungleiche Plastidenverteilung zurückzuführen, sondern auf ungleiche Plastidenentwicklung infolge zytoplasmatischer Inäqualität. Ein schönes Beispiel hierfür hat Geitler für die Diatomee *Eunotia arcus* beschrieben.

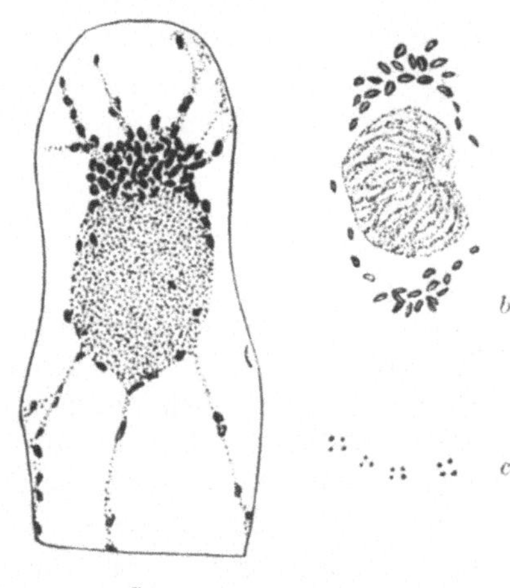

a

Abb. 72. *Hymenophyllum* spec. *a* Beginn der für die Chloroplasten inäqualen Zellteilung in einer Papille. Im Kern sind noch keine Anzeichen für die Prophase zu erkennen; *b* Prophase aus Blattzelle; die beiden Chloroplastenhaufen werden durch die Halbspindeln vom Kern abgedrängt.
(Nach Heitz 1942 b.)

Hier entsteht bei einer inäqualen Teilung ein großer Tochterprotoplast mit einem großen Chromatophor und ein kleiner Tochterprotoplast mit einem kleinen Chromatophor. Aber auch andere zytoplasmatische Einschlüsse werden ungleich verteilt. Der große Protoplast entwickelt sich zum funktionsfähigen Gameten, der andere stirbt nach einiger Zeit ab. Die unterschiedliche Größe der Chromatophoren ist auch hier auf unterschiedliche Beschaffenheit des Protoplasmas an den beiden Polen der Mutterzelle erklärlich. Verschieden ist dieser Fall von der Differenzierung wie sie uns im *Sphagnum*-Blatt entgegentrat, also eigentlich nur dadurch, daß die Unterschiede in der Chromatophorenbeschaffenheit auftreten, bevor die Wand ausgebildet ist. Angaben über ungleiche Verteilung anderer Zelleinschlüsse bei der Zellteilung finden sich z. B. bei Geitler (1923) und bei Miehe (1905).

8. Zusammenfassung

Unser Wissen über die Polarität des Protoplasten beruht fast nur auf Indizien; wir müssen uns im wesentlichen noch damit begnügen, aus dem physiologisch-anatomischen Verhalten Rückschlüsse zu ziehen. Diese Rückschlüsse ergeben ungefähr folgendes Bild über Entstehung, Natur und Wirkung der protoplasmatischen Polarität:

1. P h a s e.
Die Zelle ist unpolarisiert, polar gebaute Moleküle sind vorhanden, aber nicht geordnet. Infolgedessen sind auch alle morphogenetisch wichtigen Substanzen in der Zelle mehr oder weniger gleichmäßig verteilt.

2. P h a s e.
Äußere Faktoren (lebendes oder totes Milieu) verursachen in der Zelle stoffliche Gradienten.

3. P h a s e.
Die stofflichen Gradienten richten die polar gebauten Moleküle aus; diese werden dabei zu einer festen, wahrscheinlich schraubigen Struktur in peripheren Plasmaschichten verankert, die sich ohne Energiezufuhr erhalten kann.

4. P h a s e.
Die genannte, aus polar gebauten Molekülen aufgebaute Struktur bedingt die Schaffung weiterer stofflicher und energetischer Gradienten (Gradienten der Auxinkonzentration, der Mikrosomendichte, elektrische Potentialdifferenzen usw.). Verantwortlich für diese polaren Verlagerungen sind Form- oder Zustandsänderungen der einzelnen polar gebauten Moleküle. Diese Zustandsänderungen bedürfen der Energiezufuhr.

5. P h a s e.
Die stofflichen und energetischen Gefälle bedingen weitere polare stoffliche Verschiedenheiten in den Zellen.

Die in der 2., 4. und 5. Phase ablaufenden, ebenso wie auch die sich immer weiter fortsetzenden gerichteten Wanderungen von Stoffen, Inhaltskörpern usw. sind für die physiologische und morphologische Polarität in Einzelzellen, Organen und ganzen Pflanzen verantwortlich.

Wenn (wie bei manchen niederen Pflanzen) es nur bis zum Ablauf der zweiten Phase kommt, ist die protoplasmatische Polarität labil. Die morphologische Polarität ist in diesen Fällen nur labil, solange die von den labilen Gradienten bedingte Determination noch nicht stabil geworden ist. Die Stabilität der Determination ist mit einer Labilität der protoplasmatischen Polarität vereinbar.

Literatur

Andrews, F. A., 1903: Die Wirkung der Zentrifugalkraft auf Pflanzen. Jb. wiss. Bot. **38**, 1.
— 1915: Die Wirkung der Zentrifugalkraft auf Pflanzen. Jb. wiss. Bot. **56**, 221.
Arisz, W. H., 1942: Absorption and transport by the tentacles of *Drosera capensis*. I. Active transport of asparagine in the parenchyma cells of the tentacles. Proc. Kon. Nederl. Akad. Wetensch. **45**, Nr. 1, 1.
— 1942: Absorption and transport by the tentacles of *Drosera capensis*. II. The activation of the transport of different substances by oxygen. Proc. Kon. Nederl. Akad. Wetensch. **45**, Nr. 8, 1.
— 1944: Absorptie en transport door de tentakels van *Drosera capensis*. III. De absorptie van aminozuren en zouten door binding aan het plasma. Versl. Ned. Akad. v. Wetensch. Afd. Natuurkunde **53**, Nr. 5, 2.
— 1956: Significance of the symplasm theory for transport across the root. Protoplasma **46**, 5.
Bairati, A., and F. E. Lehmann, 1953: Structural and chemical properties of the plasmalemma of *Amoeba proteus*. Exper. Cell Res. **5**, 220.
Beams, H. W., 1937: The air turbine ultracentrifuge, together with some results upon ultracentrifuging the eggs of *Fucus serratus*. J. Mar. Biol. Assoc. United Kingdom **21**, 571.
— and R. L. King, 1939: The effect of centrifugation on plant cells. Bot. Rev. **5**, 132.
Bentley, J. A., and A. S. Bickle, 1952: Studies on plant growth hormones. II. Further biological properties of 3-indolacetonitril. J. exper. Bot. **3**, 406.
Bergann, F., 1955: Über homopolare Pfropfungen. Flora **142**, 638.
Berthold, G., 1886: Studien über Protoplasmamechanik. Leipzig.
— 1882: Beiträge zur Morphologie und Physiologie der Meeresalgen. Jb. wiss. Bot. **13**, 569.
Beyrrich, H., 1943: Pigment- und Plastidenschwund bei *Oedogonium*. Ber. dtsch. bot. Ges. **61**, 231.
Blinks, L. R., 1935: Protoplasmatic potentials in *Halicystis*. IV. Vacuolar perfusion with artifical sap and sea water. J. gen. Physiol. (Am.) **18**, 409.
Bloch, R., 1943: Polarity in plants. The Botanical Review **9**, 261.
— 1946: Differentiation and pattern in *Monstera deliciosa*. The idioblastic development of the trichosclereids in the air root. Amer. J. Bot. **33**, 544.
Borgström, G., 1939: Theoretical suggestions regarding the ethylene responses of plants and observations on the influence of apple-emanations. Kngl. Fysiogr. Sällsk. Lund Förh. **9**, 12.
Borowinkow, G. A., 1914: Ismeneije poljarnosti u *Cladophora glomerata*. Iswesstija Imp. Bot. Ssada Petra Welikago. No. 4—6, 475.
Boysen Jensen, P., 1950: Untersuchungen über Determination und Differenzierung. I. Über den Nachweis der Zellulosebildner und über das Vorkommen und die Lage derselben in Wurzelhaaren und Trichoblasten. Det. Kgl. Danske Videnskabernes Selskab Biolog. Meddelser **18**, Nr. 10.
— 1955: Untersuchungen über Determination und Differenzierung. III. Über die Wirkungsweise des determinierenden Faktors, der bei der Bildung der Wurzelhaare von *Lepidium, Sinapis* und *Phleum* tätig ist. Det. Kgl. Danske Videnskabernes Selskab Biolog. Meddelser **22**, Nr. 5, 3.
Brauner, L., 1930: Untersuchungen über die Elektrolyt-Permeabilität und Quellung einer leblosen natürlichen Membran. Jb. wiss. Bot. **73**, 513.
— 1930: Über polare Permeabilität. Ber. dtsch. bot. Ges. **48**, 109.
Bryan, H. D., 1951: DNA-protein relations during microsporogenesis of *Tradescantia*. Chromosoma **4**, 369.
Bünning, E., 1949: Über quellbare Zellsaftkolloide in *Iris*-Blättern. Planta **37**, 431.
— 1951: Über die Differenzierungsvorgänge in der Cruciferenwurzel. Planta **39**, 126.
— 1952 a: Weitere Untersuchungen über die Differenzierungsvorgänge in Wurzeln. Z. Bot. **40**, 385.
— 1952 b: Morphogenesis in plants. Surv. Biol. Progr. **2**, 105—140.
— 1955: Grundvorgänge bei der pflanzlichen Formbildung. Naturw. Rdsch. **1955**, 231.
— 1956: General processes of differentiation. In F. L. Milthorpe: The growth of leaves. London, p. 18—30.
— und F. Biegert, 1953: Die Bildung der Spaltöffnungsinitialen bei *Allium cepa*. Z. Bot. **41**, 17.

Bünning, E., G. Hunck und H. Lutz, 1956: Über die Rolle longitudinaler und radialer Polaritätsgradienten bei der Gewebedifferenzierung von Pflanzen. Protoplasma 46, 108.
— und H. Ilg, 1954: Polaritätsstörungen bei Pflanzenzellen durch Äthylen. Planta 43, 472.
— und D. v. Wettstein, 1953: Polarität und Differenzierung an Mooskeimen. Naturw. 40, 147.
Bussmann, K., 1941: Untersuchungen über die Induktion der Dorsiventralität bei apogamen Farnprothallien. Jb. wiss. Bot. 89.
Castan, M. R., 1940: Sur le rôle des hormones animales et végétales dans le dévelopment et l'organogénèse des plantes vasculaires. Rev. gén. Bot. 52, 192, 234, 285, 333.
Chaudefaud, M., 1933: Existence d'une structure infravisible orientée du cytoplasme chez les alges. C. r. Acad. Sci. Paris 196, 423.
Child, C. M., 1941: Patterns and problems of development. Chicago.
Cholnoky, B. v., 1931: Untersuchungen über den Plasmolyseort der Algenzelle III. Protoplasma 12, 321.
— 1931: Untersuchungen über den Plasmolyseort der Algenzelle IV. Protoplasma 12, 510.
Cholodny, N. G., and E. Ch. Sankewitsch, 1937: Influence of weak electric currents upon the growth of the coleoptile. Plant Physiol. 12, 385.
Clark, W. G., 1937: Electrical polarity and auxin transport. Plant Physiol. 12, 385.
— 1937: Polar transport of auxin and electrical polarity in the coleoptile of Avena. Plant Physiol. 12, 737.
— 1938: Electrical polarity and auxin transport. Plant Physiol. 13, 529.
Czaja, A. Th., 1930: Zellphysiologische Untersuchungen an Cladophora glomerata, Isolierung, Regeneration und Polarität. Protoplasma 11, 601.
Dippel, K., 1868: Die wandständigen Protoplasmaströmchen in den Pflanzenzellen und deren Verhältnis zu den spiraligen und netzförmigen Verdickungsleisten. Abh. naturf. Ges. Halle 10, 55.
Dippel, L., 1898: Das Mikroskop 2. Aufl. Braunschweig.
Döpp, W., 1955: Polyploidie und andere Erscheinungen bei Farnprothallien durch Wirkung von Gesarol und seinen Bestandteilen. Naturw. 42, 99.
Dostal, R., 1926: Zur Kenntnis der inneren Gestaltungsfaktoren bei Caulerpa prolifera. Ber. dtsch. bot. Ges. 44, 56.
— 1929: Untersuchungen über Protoplasmamobilisation bei Caulerpa prolifera. Jb. wiss. Bot. 71, 596.
Du Buy, H. G., and R. A. Olson, 1937: The presence of growth regulators during the early development of Fucus. Amer. J. Bot. 24, 609.
Ekdahl, I., 1957: The effects of indole-3-acid and 2,4-Dichlorophenoxyacetic acid on the elongation rate of root hairs and roots of inxact wheat seedlings. Physiol. Plantarum 10, 112—126.
Ellengorn, J. E., und V. V. Svezozarova, 1950: Die Erscheinung der Polarität bei Pflanzenzellen. Ž. Obšč. Biol. 11, 359 (russisch).
Fitting, H., 1935: Untersuchungen über die Induktion der Dorsiventralität bei den keimenden Brutkörpern von Marchantia und Lunularia. I. Die Induktoren und ihre Wirkungen. Jb. wiss. Bot. 82, 333.
— 1936: Untersuchungen über die Induktion der Dorsiventralität bei den Marchantieen-Brutkörpern. II. Die Schwerkraft als Induktor der Dorsiventralität. Jb. wiss. Bot. 82, 696.
— 1937: Untersuchungen über die Induktion der Dorsiventralität bei den Brutkörperkeimlingen der Marchantieen. III. Das Licht als Induktor der Dorsiventralität. Jb. wiss. Bot. 85, 169.
— 1937: IV. Das Substrat als Induktor der Dorsiventralität. Jb. wiss. Bot. 85, 243.
— 1938: V. Die Umkehrbarkeit der durch Außenfaktoren induzierten Dorsiventralität. Jb. wiss. Bot. 86, 107.
— 1942: Über die Abhängigkeit der Körpersymmetrie einiger Pflanzen von der Außenwelt. Biol. Zbl. 62, 336.
— 1942: Über die Induktion der Dorsiventralität in den blattähnlichen Zweigsystemen der Cupressaceen. Jb. wiss. Bot. 90, 417.
— 1950: Über die Umkehrung der Polarität in den Keimlingen einiger Laubmoose. Planta 37, 635.
— 1950: Weitere Beobachtungen über die Induktion der Dorsiventralität in den blattartigen Zweigsystemen von Cupressaceen. Planta 37, 676.

Frank, A. B., 1873: Über den Einfluß des Lichtes auf den bilateralen Bau der symmetrischen Zweige der *Thuja occidentalis.* Jb. wiss. Bot. **9**, 147.
Freund, J., 1910: Untersuchungen über Polarität bei Pflanzen. Flora **101**, 290.
Frey-Wyssling, A., 1955: Die submikroskopische Struktur des Cytoplasmas. Protoplasmatologia, Bd. **II**, **A 2.** Wien.
Gautheret, R. J., 1945: La culture des tissus. Paris.
— 1948: Sur la croissance de trois types de tissus de scorconère: tissus normaux, tissus de crown-gall et tissus acoutumés à l'hétéroauxine. C. r. Ac. Sci. Paris **226**, 270.
Geitler, L., 1923: Studien über das Hämatochrom und die Chromatophoren von *Trentepohlia.* Öst. bot. Z. **72**, 76.
— 1935: Beobachtungen über die erste Teilung im Pollenkorn der Angiospermen. Planta **24**, 361.
— 1941: Das Wachstum des Zellkerns in tierischen und pflanzlichen Geweben. Erg. Biol. **18**, 1.
— 1951: Zelldifferenzierung bei der Gametenbildung und Ablauf der Kopulation von *Eunotia* (Diatomee). Biol. Zbl. **70**, 385.
— 1953: Das Auftreten zweier obligater, metagamer Mitosen ohne Zellteilung während der Bildung der Erstlingsschalen bei den Diatomeen. Ber. dtsch. bot. Ges. **66**, 222.
— 1953: Endomitose und endomitotische Polyploidisierung. Protoplasmatologia **VI C**.
— 1954: Prägame Plasmadifferenzierung und Kopulation von *Eunotia flexuosa* (Diatomee). Öst. bot. Z. **98**, 397.
— 1955: Normale und pathologische Anatomie der Zelle. Handb. d. Pflanzenphysiol. Bd. **1**, 123.
Gicklhorn, J., 1932: Beobachtungen zu Fragen über Form, Lage und Entstehung des Golgi-Binnenapparates. Protoplasma **15**, 365.
Girbardt, M., 1955: Lebendbeobachtungen an *Polystictus versicolor* (L.) Flora **142**, 540.
Goldacre, R. J., 1952: The folding and unfolding of protein molecules as a basis of osmotic work. Internat. Rev. Cytol. **I**, 135.
— and I. J. Lorch, 1950: Folding and unfolding of protein molecules in relation to cytoplasmic streaming, amoeboid movement and osmotic work. Nature (Brit.) **166**, 497.
Graham, R. J. D., H. K. H. Hawkins and L. B. Stewart, 1934: An inverted willow cutting (*Salix alba*). Trans. Proc. bot. Soc. Edinbgh. **31**, 343.
Gregory, F. G., and C. R. Hancock, 1955: The rate of transport of natural auxin in woody shoots. Ann. Bot., N. S. **19**, 451.
Hagerup, O., 1938: A peculiar asymmetrical mitosis in the microspores of *Orchis.* Hereditas (Schwd.) **24**, 94.
Hämmerling, J., 1934: Regenerationsversuche an kernhaltigen und kernlosen Zellteilen von *Acetabularia Wettsteinii.* Biol. Zbl. **54**, 650.
— 1934: Über formbildende Substanzen bei *Acetabularia mediterranea,* ihre räumliche und zeitliche Verteilung und ihre Herkunft. Archiv. Entw.mechan. **131**, 1.
— 1936: Studien zum Polaritätsproblem I—III. Zool. Jb., Abt. allg. Zool. u. Physiol. **56**, 440.
— 1955: Neuere Versuche über Polarität bei *Acetabularia.* Biol. Zbl. **74**, 545.
Haupt, W., 1956: Gibt es Beziehungen zwischen Polarität und Blütenbildung? Ber. dtsch. bot. Ges. **69**, 61—66.
— 1957: Die Induktion der Polarität bei der Spore von *Equisetum.* Planta **49**, 61.
Hay, J. R., 1956: The effect of 2,4-dichlorphenoxyacetic acid and 2,3,5-trijodbenzoic acid on the transport of indoleacetic acid. Plant. Physiol. **31**, 118—120.
Heilbronn, A., 1946: Über Entdifferenzierung. Festschrift der Fén.-Fakultesi, Istanbul.
Heitz, E., 1940: Die Polarität keimender Moossporen. Verh. Schweiz. Naturforsch. Ges. **168**.
— 1942 a: Die keimende *Funaria*-Spore als physiologisches Versuchsobjekt. Ber. dtsch. bot. Ges. **60**, 17.
— 1942 b: Lebendbeobachtung der Zellteilung bei *Anthoceros* und *Hymenophyllum.* Ber. dtsch. bot. Ges. **60**, 28.
Hellinga, G., 1937: Heteroauxin und Polarität (morphologische und elektrische) bei *Coleus*-Stecklingen. Thesis, Wageningen.
Hurd, A. M., 1920: Effect of unilateral monochromatic light and group orientation on the polarity of germinating *Fucus* spores. Bot. Gaz. **70**, 25.

Imamura, S., 1937: Über die aitiogene Dorsiventralität der Assimilationsorgane bei höheren Pflanzen. Bot. Mag. **51**, 490.

— 1931: Über die Dorsiventralität der unifacialen Blätter von *Iris japonica* Thunb. und ihre Beeinflußbarkeit durch die Schwerkraft. Mem. Sci., Kyoto Imp. Univ., Ser. **B 6**.

Iterson, van, G., 1927: De warding van den plant-aardigen celwand. Weekblad, Deel **24**, 166.

Jacobs, P., 1951: Auxin control of rhizoid-formation in *Bryopsis*. Biol. Bull. (Am.) **101**, 238.

— 1954: Acropetal auxin transport and xylem regeneration—a quantitative study. Amer. Naturalist **88**, 327.

Jaffe, L., 1955: Do *Fucus* eggs interact through a CO_2-gradient? Proc. Natur. Acad. Sci. (Am.) **41**, 267.

— 1956: Science **123**, 1081 (zit. nach A. Lang, Fortschr. Bot. **19**, 1957).

Jones, W. N., 1925: Polarity phenomena in seakale roots. Ann. Bot. **39**, 359.

Kallio, P., 1951: The significance of nuclear quantity in the genus *Micrasterias*. Ann. Bot. Soc. Zool. Bot. Fenn. „Vanamo" **24**, No. 2.

Kamiya, N., and M. Tazawa, 1956: Studies on water permeability of a single plant cell. Protoplasma **46**, 394.

Kenda, G., 1954: Stomaten-Zahl der Hochblätter von *Bougainvillea*. Phyton **5**, 311.

Klebs, G., 1903: Willkürliche Entwicklungsänderungen bei Pflanzen. Jena.

Klein, B. M., 1950: Über das Silberliniensystem einiger Flagellaten. Arch. Protistenk. **72**, 404.

Knapp, E., 1931: Entwicklungsphysiologische Untersuchungen an Fucaceen-Eiern. I. Zur Kenntnis der Polarität der Eier von *Cystosira barbata*. Planta **14**, 731.

Kniep, H., 1907: Beiträge zur Keimungsphysiologie und -biologie von *Fucus*. Jb. wiss. Bot. **44**, 635.

Kny, L., 1889: Umkehrversuche mit *Ampelopsis quinquefolia* und *Hedera Helix*. Ber. dtsch. bot. Ges. **7**, 201.

Kostrun, G., 1944: Entwicklung der Keimlinge und Polaritätsverhalten bei Chlorophyceen. Öst. bot. Z. **93**, 172.

Kropfitsch, M., 1951: Apfelgaswirkung auf Stomatazahl. Protoplasma **40**, 256.

Kühn, A., 1955: Vorlesungen über Entwicklungsphysiologie. Berlin-Göttingen-Heidelberg.

Küster E., 1904: Beiträge zur Kenntnis der Wurzel- und Sproßbildung an Stecklingen. Jb. wiss. Bot. **40**, 279.

— 1906: Normale und abnorme Keimungen bei *Fucus*. Ber. dtsch. bot. Ges. **24**, 522.

— 1925: Pathologische Pflanzenanatomie. 3. Aufl. Jena.

Küster, G., 1951: Die Pflanzenzelle. 2. Aufl. Jena.

La Cour, L. F., 1949: Nuclear differentiation in the pollen grain. Heredity **3**, 319.

La Motte, C., 1937: Morphology and orientation of the embryo of *Isoëtes*. Ann. Bot., N. S. **1**, 695.

Lanz, I., 1933: Über die Wirkung der Zentrifugalbehandlung auf den lebendigen Zellinhalt (Untersuchungen an *Cladophora*). Arch. exp. Zellforsch. **23**, 220.

Lefèvre, M., 1932: Sur la structure de la membrane des euglènes du groupe *Spirogyra*. C. r. Acad. Sci. Paris **195**, 1308.

Lehmann, F. E., E. Manni und W. Geiger, 1956: Der Schichtenbau des Plasmalemmas von *Amoeba proteus* im elektronenmikroskopischen Schnittbild. Naturw. **43**, 91.

Leitgeb, H., 1878: Zur Embryologie der Farne. Sitz.ber. Akad. Wiss. Wien, math.-naturw. Kl. **77**, I. 222.

— 1877: Über Bilateralität der Prothallien. Flora **60**, 174.

— 1879: Studien über Entwicklung der Farne. Sitz.ber. Akad. Wiss. Wien, math.-naturw. Kl. **80**, I. 201.

Leopold, A. C., and F. S. Guernsey, 1954: Auxin polarity in the *Coleus* plant. Bot. Gaz. **115**, 147.

Libbert, E., 1956: Untersuchungen über die Physiologie der Adventivwurzelbildung. IV. Physiologische Untersuchungen über Castans „Polaritätsumkehr". Ber. dtsch. bot. Ges. **69**, 429.

Liebermeister, K., und E. Kellenberger, 1956: Studien zur L-Form der Bakterien. Z. Naturf. **11 b**, 200.

Linderholm, H., 1952: Active transport of ions through frog skin with special reference to the action of certain diuretics. A study of the relation between electrical properties, the flux of labelled ions, and respiration. Acta physiol. scand. (Schwd.) **27**, Suppl. **97**.

Linsbauer, K., 1929: Untersuchungen über Plasma und Plasmaströmung an *Chara*-Zellen. Protoplasma 5, 563.

Lowrance, E. W., and D. M. Whitakter, 1940: Determination of polarity in *Pelvetia* eggs by centrifuging. Growth 4, 73.

Lund, E. J., 1923: Electrical control of organic polarity in the egg of *Fucus*. Botan. Gaz. 76, 288.

— 1947: Bioelectrical fields and growth. Auxin. The University of Texas Press.

Mainx, F., 1926: Einige neue Vertreter der Gattung *Euglena* Ehrh. Arch. Protistenkunde 54, 150.

Mairold, E., 1943: Studien an colchizinierten Pflanzen. Protoplasma 37, 445.

Mangenot, G., 1929: Sur les phénomènes dites d'aggrégation et de la disposition des vacuoles dans les cellules conductrices. R. r. Acad. Sci. Paris 188, 1431.

Metzner, P., 1930: Über polare Leitfähigkeit lebender und toter Membranen. Ber. dtsch. bot. Ges. 48, 207.

Meyer, D. E., 1953: Tumorartige Zellwucherung bei einem Lebermoos. Naturw. 40, 297.

Miehe, H., 1899: Histologische und experimentelle Untersuchungen über die Anlage der Spaltöffnungen einiger Monokotylen. Bot. Cbl. 78, 321.

— 1905: Wachstum, Regeneration und Polarität isolierter Zellen. Ber. dtsch. bot. Ges. 23, 257.

Mohr, H., 1956: Die Abhängigkeit des Protonemawachstums und der Protonemapolarität bei Farnen vom Licht. Planta 47, 127.

Morel, G., 1948: Recherches sur la culture associée de parasites obligatoires et de tissus végétaux. Annales des Epiphyties 14, Sér. Pathol. végét. 1.

Mosebach, G., 1943: Über die Polarisierung der *Equisetum*-Spore durch das Licht. Planta 33, 340.

— 1938: Über den Einfluß des Lichts auf die Polarisierung des befruchteten Eies von *Cystosira barbata* Ag. Ber. dtsch. bot. Ges. 56, 210.

Mottier, D., 1899: The effect of centrifugal force upon the cell. Ann. of Botany 13, 325.

Müller-Stoll, W. R., 1952: Über Regeneration und Polarität bei *Enteromorpha*. Flora 139, 148.

Nägeli, K., 1860: Ortsbewegungen der Pflanzenzelle und ihrer Teile. Beitr. wiss. Bot. 2, 59.

Nakazawa, S., 1950: Origin of polarity in the eggs of *Sargassum confusum* Ag. Sci. Rep. Tôkoku Univ., 4th Ser. 18, 424—433.

— 1951: Invalid stratification to the egg polarity in *Sargassum confusum* Ag. Sci Rep. Tôkoku Univ., 4th Ser. 19, 73—78.

— 1953 a: Differential vital staining of the plasm in the eggs of *Coccophora* and *Sargassum*. Sci. Rep. Tôkoku Univ., 4th Ser. 20, 89—92.

— 1953 b: Differential plasmolysis in the eggs of *Coccophora* and *Sargassum*. Bull. Yamagata Univ. (Nat. Sci.) 2, 225—228.

— 1953 c: Polarity in the vital staining of the cytoplasm in some marine algae. Bull. Yamagata Univ. (Nat. Sci.) 2, 305—311.

— 1955 a: Staining embryos of *Sargassum confusum* Ag., a brown alga. Bull. Marine Biol. Station of Asqmuslei Tôkoku Univ., Vol. VII, 147—151.

— 1955 b: Sensibilidad differencial de los ovulos de *Coccophora Langsdorfii*. Anales del Instituto de Biología (Mexico) T. XXVI, 19—22.

— 1956 a: Developmental mechanics of fucaceous algae. 1. The preexistent polarity in *Coccophora* eggs. Sci. Rep. Tôkoku Univ., 4th Ser. 22, 175—179.

— 1956 b: The latent polarity in *Equisetum* spores. Bot. Magaz. (Tokyo) 69, 506.

— 1957: 7. Apicobasal gradient in a later stage of *Coccophora* embryo. Phyton (Argentinien) 8, 53.

— 1957 a: Vital staining and mechanical inversion of *Volvox*. Protoplasma 1957 (im Druck).

Needham, J., 1942: Biochemistry and morphogenesis. Cambridge.

Niedergang-Kamien, E., and F. Skoog, 1956: Studies on polarity and auxintransport in plants. I. Modification of polarity and auxin-transport by triiodobenzoic acid. Physiol. Plantarum 9, 60—73.

— and A. C. Leopold, 1957: Inhibiters of polar auxin-transport. Physiol. Plantarum 10, 29—38.

Nienburg, W., 1922: Die Keimungsrichtung von *Fucus*-Eiern und die Theorie der Lichtperzeption. Ber. dtsch bot. Ges. 40, 38.

— 1922: Die Polarisation der *Fucus*-Eier durch das Licht. Wiss. Meeresuntersuchungen, Abt. Helgoland, N. F. 15, Nr. 7, 11.

NIENBURG, W., Die Wirkung des Lichtes auf die Keimung der *Equisetum*-Spore. Ber. dtsch. bot. Ges. **42**, 95.

NOLL, F., 1888: Über den Einfluß der Lage auf die morphologische Ausbildung einiger Siphoneen. Arb. Bot. Inst. Würzburg **3**, 466.

— 1900: Über die Umkehrungsversuche mit *Bryopsis*, nebst Bemerkungen über ihren zelligen Aufbau (Energiden). Ber. dtsch. bot. Ges. **18**, 444.

ÖSTERGREN, G., 1944: Colchicin-mitosis, chromosome contraction, narcosis and protein chain folding. Hereditas (Schwd.) **30**, 429.

OUDMAN, J., 1936: Über Aufnahme und Transport N-haltiger Verbindungen durch die Blätter von *Drosera capensis* L. Rec. trav. bot. néerl. **32**.

OVERBEEK, J., VAN 1940: Auxin in marine algae. Plant Physiol. **15**, 291.

— 1956: Absorption and translocation of plant regulators. Ann. Rev. Plant Physiol. **7**, 355.

PETERSCHILKA, F., 1924: Über die Kernteilung und die Vielkernigkeit bei *Rhizoclonium hieroglyphicum* Kütz. Arch. Protistenk. **47**, 325.

PFEFFER, W., 1871: Studien über Symmetrie und spezifische Wachstumsursachen. Arb. Bot. Inst. Würzburg **1**.

— 1904: Pflanzenphysiologie, 2. Band, Leipzig.

PILET, P. E., et S. MEYLAN, 1955: Polarité électrique de fragments de carotte cultivés in vitro. Experientia **11**, 147.

PINTO LOPES, J., 1948: On the differentiation of the nuclei in pollen grains. Portug. Acta Biol., Ser. **A 2**, 237.

PLANT, W., 1940: The role of growth substances in the regeneration of root cuttings. Ann. of Botany, N. S. **4**, 607.

POCHMANN, A., 1953: Struktur, Wachstum und Teilung der Körperhülle bei den Eugleninen. Planta **42**, 478.

PONT, J. W., 1934: Inverted polarity in *Salix babylonica* L. Rec. Trav. bot. néerl. **31**, 210.

PRANTL, K., 1879: Über den Einfluß des Lichts auf die Bilateralität der Farnprothallien. Bot. Ztg. **37**, 679, 713.

PRÁT, S., 1923: Vliv centrifugováni na *Hydrodictyon reticulatum* (L.) Lag. Studies from the Plant Physiological Labor. Prague **1**, 89.

— 1932: The polarity of the vacuole. Protoplasma **15**, 612.

PRINGSHEIM, N., 1858: Beiträge zur Morphologie und Systematik der Algen. Jahrb. wiss. Bot. **1**, 1.

PRINGSHEIM, E. G., 1941: The interrelationships of pigmented and colourless Flagellata. Biol. Rev. **16**, 191.

RAMSHORN, K., 1937: Wachstums- und elektrische Potentialdifferenzen bei *Avena*-Koleoptilen. Planta **27**, 219.

RATHFELDER, O., 1955: Anatomische Untersuchungen zu CASTANS „Polaritätsumkehr" bei *Pisum sativum*. Ber. dtsch. bot. Ges. **68**, 227.

REED. E. D., and D. M. WHITEAKTER, 1941: Polarized plasmolysis of *Fucus* eggs with particular reference to ultraviolet light. J. cell. a. comp. Physiol. (Am.) **18**, 329.

REHM, W. S., 1938: Bud regeneration and electrical polarity in *Phaseolus multiflorus*. Plant Physiol. **13**, 81.

RENNER, O., 1940: Kurze Mitteilungen über *Oenothera*. IV. Über die Beziehungen zwischen Heterogamie und Embryosackentwicklung und über diplarrhene Verbindungen. Flora **34**, 145.

RESCH, A., 1954: Beiträge zur Cytologie des Phloems. Entwicklungsgeschichte der Siebröhrenglieder und Geleitzellen bei *Vicia faba* L. Planta **44**, 75.

REUTER, L., 1953: A contribution to the cellphysiologic analysis of growth and morphogenesis in fern prothallia. Protoplasma **42**, 1.

RHUMBLER, L., 1914: Das Protoplasma als physikalisches System. Erg. Physiol. usw. **14**, 484.

RIETH, A., 1953: Einige Beobachtungen zur Colchicinwirkung auf die Keimung von *Vaucheria*-Oosporen. Flora **140**, 596.

RIIVEN, A. H. G. C., 1952: In vitro studies on the embryo of *Capsella bursa-pastoris*. Acta botan. neerlandica **1**, 157.

RITTER, G., 1907: Über Kugelhefe und Riesenzellen bei einigen Mucoraceen. Ber. dtsch. bot. Ges. **25**, 255—266.

ROSENE, H. F., and E. J. LUND, 1935: Linkage between output of electric energy by polar tissue and cell oxidation. Plant Physiol. **10**, 27.

— — 1953: Biolectric fields and correlation in plants. Ames.

Rosenwinge, L. K., 1889: Influence des agents extérieurs sur l'organisation polaire et dorsiventrale des plantes. Rev. gén. Bot. 1, 53; 123; 170; 244; 304.

Sakamura, T., und F. Yoshimura, 1939: Über die Bedeutung der H-Ionenkonzentration und die wichtige Rolle einiger Schwermetallsalze bei der Kugelzellbildung der Aspergillen. J. Fac. Sci. Hokkaido Imp. Univ., Ser. V, Vol. II. 317—331.

Sandan, T., 1955: Physiological studies on growth and morphogenesis of the isolated plant cell cultured in vitro. I. General feature on the growth and morphogenesis of the internodial cell of Characeae. Bot. Mag. 68, 274—280.

Sax, K., 1935: The effect of temperature on nuclear differentiation in microspore development. J. amer. Arbor. 16, 301.

— and H. W. Edmonds, 1933: Development of the male gametophyte in Tradescantia reflexa. Bot. Gaz. 95, 156.

— and L. Husted, 1936: Polarity and differentiation in microspore development. Amer. J. Bot. 23, 606.

Schechter, V., 1934: Electrical control of rhizoid formation in the red alga, Griffithsia bornetiana. Journ. gen. Physiol. (Am.) 18, 1.

— 1935: The effect of centrifuging on the polarity of an alga, Griffithsia bornetiana. Biol. Bull. 68, 172.

Scherrer, A., 1915: Untersuchungen über Bau und Vermehrung der Chromatophoren und das Vorkommen von Chondriosomen bei Anthoceros. Flora 107, 1.

Schleip, W., 1929: Die Determination der Primitiventwicklung. Leipzig.

Schmitt, F. O., 1955: Cellular structure and activity. In: Willier, B. H., P. A. Weiss and V. Hamburger: Analysis of Development. Philadelphia and London.

Schoser, G., 1956: Über die Regeneration bei den Cladophoraceen. Protoplasma 47, 103—134.

Schumacher, W., 1936: Untersuchungen über die Wanderung des Fluoresceins in den Haaren von Cucurbita Pepo. Jb. wiss. Bot. 82, 507.

Schussnig, B., 1931: Die somatische und heterotype Kernteilung bei Cladophora Suhriana Kützing. Planta 13, 474.

Schwanitz, F., 1930: Beiträge zur Analyse der pflanzlichen Polarität. Beih. Bot. Centralbl. A 54, 479.

Schwantes, H. O., 1952: Färbeanalytische Untersuchungen zur Lage des isoelektrischen Punktes der Zellbestandteile in wachsenden Zellen und Geweben. Protoplasma 41, 582.

Seifriz, W., 1938: Recent contributions to the theory of protoplasmic structure. Science 88.

Seki. M., 1952: Molekularhistologische Studien über die Elementar- und Mikrofibrillen des Kollagens mit besonderer Berücksichtigung der Dipolrichtwirkung bei ihrer Neubildung und Entwicklung. Arch. Hist. (Jap.) 3, 465.

Sinnott, E. W., and R. Bloch, 1939: Cell polarity and the differentiation of root hairs. Proc. nat. Acad. Sci. (Am.) 25, 248.

— — 1939: Changes in intercellular relationships during the growth and differentation of living plant tissues. Amer. J. Bot. 26, 625.

— — 1946: Comparative differentiation in the air roots of Monstera deliciosa. Amer. J. Bot. 33, 587.

Skoog, F., 1938: Absorption and translocation of auxin. Amer. J. Bot. 25, 361.

Söding, H., 1952: Die Wuchsstofflehre. Stuttgart.

Stahl, E., 1885: Einfluß der Beleuchtungsrichtung auf die Theilung der Equisetum-Sporen. Ber. dtsch. bot. Ges. 3, 334.

Steinecke, F., 1925: Über Polarität von Bryopsis. Bot. Arch. 12, 97.

Strasburger, E., 1891: Über den Bau und die Verrichtung der Leitungsbahnen in den Pflanzen. Jena.

— 1908: Einiges über Characeen und Amitosen. Wiesner-Festschr. Wien 1908, S. 24.

Suita, N., 1937: Studies on the male gametophyte in angiosperms. II. Differentiation and behaviour of the vegetative and generative elements in the pollen grains of Crinum. Cytologia, Fujii-Jubil.-Bd. 920.

Ternetz, Ch., 1912: Beiträge zur Morphologie und Physiologie der Euglena gracilis Klebs. Jb. wiss. Bot. 51, 435.

Thimann, K. V., 1952: Plant growth hormones. In: The action of hormones in plants and in vertebrates. New York.

— and A. C. Leopold: The hormones. III. Chapter I. (The Academic Press, New York, N.Y., 1955.) Zitiert nach van Overbeek.

Thomas, J. B., 1939: Electric control of polarity in plants. Rec. trav. bot. néerland. 36, 373.

Tobias, J. M., and S. Solomon: Electrically induced polar changes in viscosity in the hyaline protoplasm of *Elodea* with observations on streaming and plastide charge. J. cell. a. comp. Physiol. **35**.

Tschermak-Woess, E., und G. Hasitschka, 1953: Über Musterbildung in der Rhizodermis und Exodermis bei einigen Angiospermen und einer Polypodiacee. Öst. bot. Z. **100**, 646.

Vöchting, H., 1906: Über Regeneration und Polarität bei höheren Pflanzen. Bot. Ztg. **64**, 101.

— 1918: Untersuchungen zur experimentellen Anatomie und Pathologie des Pflanzenkörpers. II. Die Polarität der Gewächse. Tübingen.

Wardlaw, C. W., 1955: Embryogenesis in plants. London.

Waris, H., 1950: Cytophysiological studies on *Micrasterias*. II. The Cytoplasmatic framework and its mutation. Physiol. Plantarum **3**, 236.

Warmke, H. E., and L. Warmke, 1950: The role of auxin in the differentiation of root and shoot-primordia from root cuttings of *Taraxacum* and *Cichorium*. Amer. J. Bot. **37**, 272.

Weber, F., 1940: Kurzzellen-Schließzellen von *Iris japonica*. Protoplasma **35**, 140.

— und I. Thaler, 1952: Stomata-Zahl der Hochblätter von *Poinsettia*. Öst. bot. Z. **99**, 452.

Weber, W., 1957: Zur Polarität von *Vaucheria*. Diss. Tübingen.

Weij, H. G. van der, 1932: Der Mechanismus des Wuchsstofftransportes. Rec. trav. bot. néerl. **29**, 379.

— 1934: Der Mechanismus des Wuchsstofftransports II. Rec. trav. bot. néerl. **31**, 809.

Weir, J., 1911: Untersuchungen über die Gattung *Coprinus*. Flora **103**, 263.

Weissenböck, K., 1949: Studien an colchicinierten Pflanzen. I. Anatomische Untersuchungen, Phyton **1**, 282.

— 1950: Studien an colchicinierten Pflanzen. II. Phyton **2**, 135.

Went, F. W., 1932: Eine botanische Polaritätstheorie. Jb. wiss. Bot. **76**, 528.

— 1937: Salt accumulation and polar transport of plant hormones. Science **86**, 127.

— 1941: Polarity of auxin transport in inverted *Tagetes* cuttings. Bot. Gaz. **103**, 386.

— and K. V. Thimann, 1937: Phytohormones. New York.

— and R. White, 1939: Experiments on the transport of auxins. Bot. Gaz. **100**, 465.

Wetter, C., 1952: Beitrag zum Polaritätsproblem leptosporangiater Farne. Biol. Zbl. **71**, 109.

Wettstein, D. v., 1953: Beeinflussung der Polarität und undifferenzierte Gewebebildung aus Moossporen. Z. Bot. **41**, 199.

Whitakter, D. M.: 1931: Some observations on the eggs of *Fucus* and their mutual influence in the determiniation of the developmental axis. Biol. Bull. **61**, 294.

— 1937: The effect of hydrogen ion concentration upon the induction of polarity in *Fucus* eggs. I. Increased hydrogen ion concentration and the intensity of mutual inductions by neighboring eggs of *Fucus furcatus*. J. gen. Physiol. **20**, 491.

— 1937: Determination of polarity by centrifuging eggs of *Fucus furcatus*. Biol. Bull. **73**, 249.

— 1942: Ultraviolet light and the development of *Fucus* eggs as affected by auxin and pH. Biol. Bull. **82**, 127.

— and E. W. Lowrance, 1936: On the period of susceptibility in the egg of *Fucus furcatus* when polarity is induced by brief exposure to directed white light. J. cell. a. comp. Physiol. **7**, 417.

— — 1937: The effect of hydrogen ion concentration upon the induction of polarity in *Fucus* eggs. II. The effect of diffusion gradients brought about by eggs in capillary tubes. J. gen. Physiol. **21**, 57.

— — 1940: The effect of alcalinity upon mutual influences determining the developmental axis in *Fucus* eggs. Biol. Bull. **78**, 407.

Wilbrandt, W., 1935: The significance of the structure of a membrane for its selective permeability. J. gen. Physiol. **18**, 933.

Wilkes, S. S., and E. J. Lund, 1947: The electric correlation field and its variations in the coleoptile of *Avena sativa*. In: Lund: Bioelectric fields and growth. Austin.

Wilson, K., 1955: The polarity of the cell-wall of *Valonia*. Ann. Botany **19**, 289.

Winkler, H., 1900: Über Polarität, Regeneration und Heteromorphose bei *Bryopsis*. Jb. wiss. Bot. **35**, 449.

— 1900: Über den Einfluß äußerer Faktoren auf die Teilung der Eier von *Cystosira barbata*. Ber. dtsch. bot. Ges. **18**, 297.

Wulff, E., 1910: Heteromorphose bei *Dasycladus clavaeformis*. Ber. dtsch. bot. Ges. **28**, 264.

Yoshimura, F., 1934: Spherical cell formation in *Aspergillus oryzae* with special reference to heavy metal impurities in culture solution. J. Fac. Sci Hokkaido Imp. Univ., Ser. V, Vol. III, 89—99.

Yuasa, A., 1936: Cytomorphological study of *Rhodospirillum longum* Hama. Bot. Mag. **50**, 93.

Zepf, E., 1952: Über die Differenzierung des *Sphagnum*-Blattes. Z. Bot. **40**, 87.

Zimmermann, A., 1882: Über die Einwirkung des Lichtes auf den Marchantien-thallus. Arb. Bot. Inst. Würzburg **II**, 665.

Zimmermann, W., 1923: Zytologische Untersuchungen an *Sphacelaria fusca* Ag. Ein Beitrag zur Entwicklungsphysiologie der Zelle. Z. Bot. **15**, 112.

— 1923: Neue einzellige Helgoländer Meeresalgen. Zugleich ein Beitrag zur Polaritätsfrage der Algen. Ber. dtsch. bot. Ges. **41**, 285.

— 1929: Experimente zur Polarität von *Caulerpa* und zum allgemeinen Polaritätsproblem. Roux' Arch. **116**, 669.

— 1931: Die Orientierung von Pflanze und Tier im Raum. I. Botanischer Teil. Biol. Zbl. **51**, 21.

— und H. Heller, 1956: Polarität und Brutknospenentwicklung bei *Sphacelaria*. Pubbl. Staz. Zool. Napoli **28**, 289.